DER THEORETISCHE NÄHRWERT DES ALKOHOLS

VORTRAG

GEHALTEN IN DEN WISSENSCHAFTLICHEN ALKOHOL-KURSEN IN BERLIN AM 24. APRIL 1908

VON

PROFESSOR DR. MAX KASSOWITZ
IN WIEN

Springer-Verlag Berlin Heidelberg GmbH
1908

ISBN 978-3-662-40746-2
DOI 10.1007/978-3-662-41230-5

ISBN 978-3-662-41230-5 (eBook)

Einleitung.

In der Frage, ob der Alkohol, trotz seiner unbestreitbaren Eigenschaft als narkotisches Gift, dennoch im tierischen und menschlichen Organismus die Rolle einer Nahrung übernehmen könne, gehen die Anschauungen der Physiologen und Ärzte noch weit auseinander. Die einen halten es für ausgemacht, daß der Alkohol, da er im lebenden Organismus zum größten Teile verbrennt, auch nach Maßgabe der in ihm enthaltenen chemischen Spannkraft nährend wirken könne und daß sein Nährwert wegen seines großen Gehaltes an Kalorien oder Wärmeeinheiten sogar ein bedeutender sein müsse; und die Anhänger dieser theoretischen Annahme zögern auch nicht, sie in die Praxis zu übertragen, indem sie z. B. bei der Berechnung eines Kostmaßes für Gesunde und Kranke die Kalorien des Alkohols als gleichwertig mit denen der übrigen Nahrungsstoffe einrechnen und sogar bei der Anordnung von Nährklysmen nicht versäumen, neben Milch und Eiern auch noch Wein oder „brandy" in das betreffende Instrument einfüllen zu lassen. Dann gibt es wieder eine Partei, welche zwar den theoretischen Nährwert des Alkohols anerkennt, ihn aber als ein nicht vollwertiges, als ein zu teures und als ein schädliches Nahrungsmittel bezeichnet, welches wegen dieser unangenehmen Nebeneigenschaften in der Praxis möglichst vermieden werden sollte. Und endlich gibt es eine dritte Anschauung, zu der ich selbst mich bekenne, die es schon vom theoretischen Standpunkte nicht verstehen kann, wie eine giftige Substanz zugleich als Nahrung dienen soll, die aber auch bei der Prüfung der einschlägigen Tatsachen zu dem Schlusse gelangt, daß die tägliche Erfahrung und das physiologische Experiment in guter Übereinstimmung miteinander die Berechtigung dieses Bedenkens dargetan haben. Freilich darf nicht verschwiegen werden, daß die Anhänger der zuletzt genannten Auffassung dermalen noch eine recht bescheidene Minorität repräsentieren, und ich glaube nicht zu irren, wenn ich annehme, daß ich viele Jahre hindurch nahezu der einzige Vertreter dieser Lehre gewesen bin. In der letzten Zeit habe ich aber die Genugtuung erlebt, daß in einem Aufrufe, den 800 abstinente Ärzte in England, Deutschland und Österreich an ihre Kollegen gerichtet haben, auch ein Satz aufgenommen wurde, der diesen Standpunkt rückhaltlos vertritt, indem er den Wunsch ausspricht, man solle endlich einsehen, daß der Alkohol ein Gift ist, und man möge ihn daher nicht länger den Nahrungsstoffen zuzählen.

Es wird nun die Aufgabe meines heutigen Vortrages sein, Ihnen die Gründe vorzuführen, die uns, wie ich glaube, zu unserer Auffassung legitimieren; und zwar werde ich die erste Hälfte der mir zugemessenen Zeit dazu benutzen, rein theoretisch zu erörtern, welche Funktion die Nahrungsstoffe im lebenden Organismus zu vollziehen haben und ob man erwarten kann, daß eine giftige Substanz wie der Alkohol eine nährende Wirkung entfalten kann; und dann werde ich an den zweiten Teil meiner Aufgabe herantreten, welcher darin bestehen wird, die auf den Alkohol selbst sich beziehenden Tatsachen Revue passieren zu lassen und zu untersuchen, in welchem Sinne ihr — schließlich doch allein entscheidendes — Votum ausgefallen ist.

Zuvor gestatten Sie mir aber noch, in wenigen Worten einem Vorwurfe zu begegnen, welcher gelegentlich gegen diejenigen erhoben wird, die einen Nährwert des Alkohols rundweg in Abrede stellen, indem man ihnen insinuiert, daß sie diesen Standpunkt nicht eigentlich aus wissenschaftlichen Gründen, sondern nur zu agitatorischen Zwecken vertreten. Ich fühle mich natürlich nicht berufen, meine Gesinnungsgenossen gegen diesen sicherlich ungerechten Vorwurf zu verteidigen, sondern möchte nur, was mich selbst betrifft, darauf hinweisen, daß ich meine jetzige Ansicht über den Nährwert des Alkohols bereits zu einer Zeit vertreten habe, als ich nicht nur noch selbst einem, wenn auch immer recht mäßigen Alkoholgenusse ergeben war, sondern auch der sozialen Seite der Alkoholfrage noch ziemlich fremd gegenüber gestanden bin. Mein Weg führte mich also nicht von der Alkoholgegnerschaft zur wissenschaftlichen Begründung derselben, sondern umgekehrt von der Wissenschaft zur Bekämpfung des Alkoholismus. Zuerst gelangte ich durch ein eingehendes Studium der Lebensvorgänge zu der Überzeugung, daß der Alkohol als narkotisches Gift nur schädigend auf den Organismus einwirken könne, und erst als ich diese Überzeugung gewonnen hatte, kam ich zu dem Schlusse, daß ich nicht nur mich selbst, sondern auch alle anderen, auf die ich Einfluß zu nehmen vermag, vor dieser Schädigung bewahren solle. Es würde mir eine große Befriedigung gewähren, wenn es mir heute gelingen würde, auch andere denselben Weg durchschreiten zu lassen.

I. Die Theorie.

Die Lehre von der nährenden Fähigkeit des Alkohols ist auf niemand Geringeren als auf J. R. Mayer, dem wir die ewig denkwürdige Entdeckung des Gesetzes der Erhaltung der Energie und des mechanischen Wärmeäquivalentes verdanken, zurückzuführen. Er war es, der zum ersten Male das Prinzip aufstellte, daß die Nahrung dazu diene, die in ihr enthaltene chemische Spannkraft dem Organismus zur Verfügung zu stellen; und in seiner „Mechanik der Wärme" finden sich denn auch folgende Sätze:

„Der Wert der Nahrungsmittel liegt in ihrer Brennbarkeit. Die Stärke, der Zucker und das Fett haben einen bedeutenden Brennwert und sind in gleichem Verhältnisse auch nahrhaft. Das gleiche gilt insbesondere auch von den durch Gärung aus Zucker entstandenen Spirituosen."

Hier haben wir also die Proklamation der noch heute ziemlich allgemein geltenden Lehre von der Bewertung der Nahrungsstoffe nach der Zahl der von ihnen gelieferten Kalorien und auch schon die Anwendung dieses Prinzipes auf den Alkohol, dessen Kalorien gleichwertig sein müssen mit denen von Eiweiß, Fett oder Zucker, weil auch diese Stoffe dazu dienen sollen, die Lebensmaschine zu heizen und durch ihre Verbrennung die Energie für die Lebensarbeit zu liefern.

Es fragt sich nun, ob uns die Erweiterung unserer Kenntnisse über den tierischen und menschlichen Stoffwechsel auch heute noch gestattet, den Organismus als eine Wärmemaschine anzusehen, in welcher die Nahrung dazu dient, die bei ihrer Verbrennung frei werdende chemische Energie in Wärme und in mechanische Arbeit zu verwandeln.

Hier stoßen wir sofort auf eine wichtige Veränderung in unseren Anschauungen über den Ort, wo die Verbrennungsprozesse vor sich gehen. J. R. Mayer glaubte noch, daß die Nahrungsstoffe im Blute verbrannt werden. „Von der Wärme, die durch die in den Kapillaren des Muskels ablaufenden Oxydationsprozesse entsteht, wird bei der Aktion des Muskels ein Teil latent oder aufgewendet, und dieser Aufwand ist proportional dem erzeugten motorischen Effekt"; und an einer andern Stelle heißt es auch dementsprechend: „Das Blut, eine langsam brennende Flüssigkeit, ist das Öl in der Flamme des Lebens." Er glaubte also und durfte damals noch glauben, daß die Verbrennung innerhalb der Blutgefäße wie in dem Feuerungsraum einer Dampfmaschine erfolgt, und wir finden auch in seinen Schriften die deutlichsten Anzeichen dafür, daß er an eine Umwandlung von Wärme in mechanische Arbeit wie in der Dampfmaschine gedacht hat.

Heutzutage wissen wir aber ganz genau, daß die Verbrennung nicht im Blute, sondern im lebenden und arbeitleistenden Protoplasma vor sich geht. Man hat Frösche vollkommen entblutet und ihr Blut durch schwach angesalzenes Wasser ersetzt und konnte sich überzeugen, daß sie sich nicht nur durch längere Zeit wie normale Frösche bewegen, sondern daß auch die in ihnen ablaufenden Verbrennungsprozesse keine wesentliche Änderung erfahren haben. Man weiß auch, daß der herauspräparierte Froschmuskel ohne Zusammenhang mit der Zirkulation nicht nur eine geraume Zeit seine Zuckungen fortsetzen kann, sondern auch bei jeder Zusammenziehung Wärme entwickelt. Auch hat man bei der genauesten Durchforschung der feineren Muskelstruktur nicht das entfernteste Anzeichen dafür auffinden können, daß hier nach dem Prinzipe der Wärmekraftmaschinen die Verbrennungswärme der Nahrungs- und Reservestoffe in mechanische Arbeit verwandelt wird. Man sieht nichts von einem Verbrennungsraume, nichts von einer Veranstaltung für die Erhitzung von Wasserdampf oder Luft; es gibt keine Vorkehrung zur Herstellung des für jede kalorische Maschine unentbehrlichen Wärmegefälles; und wenn daher die Partisane des Nährwertes des Alkohols von einer Feuerung der Muskelmaschine mit Alkohol wie von etwas Selbstverständlichem sprechen, so kann man nur sagen, daß für diese hypothetische Vorstellung wenigstens in dem histologischen Bilde der Muskelfaser auch nicht die geringste Basis zu finden ist.

Dagegen sind wir bereits seit längerer Zeit im Besitze einer Tatsache, welche uns die Sicherheit verschafft, daß die Kraftumwandlung im Muskel nach einem ganz anderen Prinzipe vor sich gehen muß als in den kalorischen Maschinen.

Im Jahre 1864 hat der berühmte Physiologe Heidenhain Versuche mit dem zuckenden Froschmuskel angestellt, durch die er Beweise für die damals herrschende Auffassung erbringen wollte, daß die Muskelmaschine mit der durch die Verbrennung der Nahrungs- oder Reservestoffe erzeugten Wärme betrieben werde. In der kalorischen Maschine ist nämlich das Verhältnis zwischen der nach außen abgegebenen Wärme und der geleisteten mechanischen Arbeit ein solches, daß beide zusammen der Summe der bei der Verbrennung des Feuerungsmaterials gelieferten Energiemenge entsprechen müssen. Je mehr Wärme nach außen entweicht, desto weniger von der Verbrennungswärme der Heizstoffe wird in mechanische Arbeit verwandelt; und umgekehrt: je mehr mechanische Arbeit geleistet wird, desto weniger Wärme kann nach außen entweichen. Als nun aber Heidenhain seinen Versuch derart einrichtete, daß er den Muskel einmal mit einer geringeren und dann wieder mit einer stärkeren Belastung sich verkürzen ließ, so daß also das eine Mal wenig und das andere Mal viel mechanische Arbeit durch das Heben des Gewichtes geleistet wurde, da fand er zu seiner nicht geringen Überraschung, daß das Gegenteil von dem eintraf, was er erwarten mußte, wenn wirklich, wie er von vornherein angenommen hatte, der Betrieb der Muskelarbeit auf Kosten der während ihrer Arbeit entstehenden Verbrennungswärme erfolgen würde. Denn es zeigte sich, daß, je größer die Last war, die der Muskel zu heben hatte, um so mehr Wärme neben der größeren Arbeitsleistung zum Vorschein kam; und man kann daher schon aus diesem einen Versuchsresultate mit Sicherheit schließen, daß die Nahrungs- und Reservestoffe nicht zu dem Zwecke verbrannt werden, damit die von ihnen gelieferte Wärme auf irgend eine rätselhafte Weise in die Hubkraft des Muskels umgewandelt werde.

Besitzen wir nun gegenüber diesem negativen Resultate irgendwelche Anhaltspunkte für eine positive Vorstellung von dem Mechanismus der Muskelmaschine und irgend eine annehmbare Erklärung für das von Heidenhain entdeckte wahre Verhältnis zwischen mechanischer Leistung und Wärmeproduktion im zuckenden Muskel?

Um diese Frage zu beantworten, muß ich etwas näher auf die mikroskopische Anatomie der Muskelfaser eingehen, und ich hoffe, Ihnen zeigen zu können, daß sich diese scheinbare Abschweifung von unserem Thema als besonders fruchtbar für unsere Zwecke erweisen wird.

Jede Muskelfaser ohne Ausnahme, ob sie einem willkürlichen oder unwillkürlichen, einem quergestreiften oder glatten Muskel angehört, ist aus zwei Bestandteilen zusammengesetzt, die sich sowohl durch ihr verschiedenes Verhalten gegen Farbstoffe als auch durch ihre optischen Eigenschaften deutlich voneinander unterscheiden. Natürlich denke ich dabei nicht an die Querstreifung, welche bei den willkürlichen Muskeln der höheren Tiere und bei den Herzmuskelfasern unter dem Mikroskope vor allem in die Augen fällt; denn da die sogenannten glatten Muskelfasern, welche die Bewegungen der niederen Tiere und bei den höheren die Bewegungen der Blutgefäße und Eingeweide vermitteln, sich in jeder wichtigen Beziehung genau so verhalten wie die quergestreiften und sich von diesen nur durch eine gewisse Trägheit der Zusammenziehung unterscheiden, so ist es klar, daß die Querstreifung nur eine nebensächliche Bedeutung besitzen kann, während es schon von vornherein in hohem Grade plausibel erscheint, daß eine Differenzierung, welche allen Arten von Muskeln in gleicher Weise zukommt, in einer engen Beziehung zu ihrer physiologischen Leistung stehen muß. Diese besteht nun bekanntlich darin, daß sich ein jeder Muskel infolge eines auf ihn wirkenden Reizes in seiner Längsachse verkürzt und zu gleicher Zeit in allen darauf senkrechten Richtungen verdickt, und zwar — worauf ganz besonders zu achten ist — in der Weise, daß sein Gesamtvolumen dabei unverändert bleibt. Worin besteht nun aber diese Differenzierung, die nicht nur den quergestreiften, sondern allen Muskeln in gleicher Weise zukommt? Sie besteht darin, daß die Muskelfasern optisch doppeltbrechende Fibrillen oder Fäserchen enthalten, die in der Richtung der Längsachse, also in der Richtung der Verkürzung, verlaufen, und daß diese parallel angeordneten Fibrillen von einer einfach lichtbrechenden Masse umkleidet sind, die man jetzt allgemein als das „Sarkoplasma“ der Muskeln bezeichnet.

Fragen wir uns nun, welche Bedeutung diese Differenzierung einer jeden Muskelfaser in Fibrillen und Sarkoplasma für die Kontraktionsfähigkeit des Muskels besitzen kann, so liegt es, wie ich glaube, ziemlich nahe, daran zu denken, daß eine mit Verkürzung und Verdickung einhergehende Gestaltveränderung bei unverändertem Volumen eigentlich nur auf die Weise denkbar ist, daß sich ein Bestandteil der Muskelfaser infolge des Reizes verkleinert, während zu gleicher Zeit ein zweiter Bestandteil genau in demselben Maße an Volumen gewinnt. Wie müßten aber diese beiden Bestandteile räumlich angeordnet sein, wenn dieser Effekt durch wechselweise erfolgende Abnahme und Zunahme oder durch alternierendes Schrumpfen und Wachsen der beiden Komponenten herbeigeführt werden soll? Ich glaube, die Antwort hierauf kann nicht anders lauten, als daß diese theoretisch postulierte Anordnung eben dieselbe sein müßte, wie wir sie tatsächlich beobachten. Denn wenn die der Länge nach verlaufenden Fibrillen sich in dieser selben Dimension verkürzen, und wenn zu gleicher Zeit die sie umgebende Protoplasmasubstanz so viel an Masse oder Volumen gewinnt, wie die Fibrillen durch ihre Verkürzung verlieren, so müßte eben dasjenige geschehen, was wir in Wirklichkeit beobachten, daß sich nämlich der Muskel als Ganzes verkürzt und verdickt, und daß sich dabei das Gesamtvolumen so wenig verändert, daß er in einer mit physiologischer Kochsalzlösung gefüllten und mit einer Steigröhre versehenen Flasche seine Zuckungen vollführt, und das Niveau der Flüssigkeit in der Steigröhre dabei immer im Gleichen bleibt.

Sind wir nun imstande, den Ablauf eines solchen Vorgangs in eine verständliche Beziehung zu bringen zu einer Verbrennung von Zucker, Fett oder Alkohol in einer aus Eiweiß konstruierten Muskelmaschine? Dies ist nämlich die Vorstellung, die sich noch immer viele von den Stoffwechselvorgängen im arbeitenden Muskel zu machen scheinen, und die wenigstens allen denjenigen vorschweben muß, welche annehmen, daß die Verbrennungswärme des im Körper oxydierten Alkohols sich im Muskel in mechanische Arbeit verwandelt. Ich glaube nun, man kann ruhig behaupten, daß eine solche Beziehung in keinerlei Weise herzustellen ist, weil niemand verstehen kann, wie die Verbrennung eines brennbaren Stoffes und die durch diese Verbrennung hervorgerufenen Wärmeschwingungen die Verkürzung der Fibrillen und zu gleicher Zeit das Anwachsen des sie umhüllenden Sarkoplasmas herbeiführen sollen. Aber ganz abgesehen davon, ist die Vorstellung eines aus Eiweiß bestehenden und mit verbrennendem Fett, Zucker oder Spiritus betriebenen Kraftmotors mit so vielen Widersprüchen und direkten Unmöglichkeiten behaftet, daß sie bei reiflicher Überlegung unmöglich mehr aufrecht erhalten werden kann.

Da ist vor allem eine Tatsache, die uns nicht wenig stutzen machen muß, daß nämlich die Maschine nicht nur mit Zucker oder Fett, sondern auch mit Eiweiß geheizt werden kann. Pflüger in Bonn hat einen Hund durch lange Zeit Tag für Tag eine schwere Muskelarbeit verrichten lassen und ihn dabei ausschließlich mit sorgfältig entfettetem Fleische ernährt, welches also außer der geringen Menge von Glykogen, das für die große Arbeit nicht im entferntesten ausreichte, nur noch eine nährende Substanz, nämlich Muskeleiweiß, enthielt. Also eine Maschine, die aus Eiweiß besteht, soll auch mit Eiweiß zu heizen sein, und außerdem muß sie die wunderbare Eigenschaft besitzen, daß sie, wenn ihr das Heizmaterial ausgeht, also bei Hunger oder ungenügender Nahrung, ihre eigenen Bestandteile zur Heizung verwendet. Denn auch ein hungernder Organismus kann noch durch geraume Zeit Muskelarbeit verrichten; nur tut er dies auf Kosten seiner Reserven und unter fortwährender Abnahme seines Muskelfleisches. So wenig aber eine aus Holz konstruierte Kraftmaschine denkbar ist, die mit Holz geheizt wird und im Notfalle auch ihre eigenen Teile zur Heizung heranzieht, so wenig können wir uns mit einer aus Eiweiß bestehenden Muskelmaschine befreunden, welche nicht nur das Eiweiß der Nahrung, sondern auch ihr eigenes Eiweiß zur Feuerung benutzen kann.

Eine andere nicht geringere Schwierigkeit entsteht daraus, daß weder Eiweiß noch Zucker noch Fett und auch nicht der Alkohol bei der Temperatur des lebenden

Organismus angezündet werden können, und daß wir auch nicht begreifen könnten, wie es die verschiedenen Reize zuwege bringen sollen, daß diese Anzündung dennoch bei so niederer Temperatur stattfindet. Man kann nämlich den Muskel durch einen Stich oder Schlag in Zuckung versetzen, man kann denselben Effekt durch die Einwirkung von Ammoniakdämpfen erzielen; man kann aber auch elektrische Ströme als Reizmittel verwenden, und zwar sowohl durch Faradisierung des Muskels selbst als auch durch die elektrische Reizung der sich in ihm verzweigenden Nerven. Auf welchem Wege immer aber die Kontraktion des Muskels herbeigeführt wird, stets ist sie mit einem Verbrennungsprozesse, mit einer Produktion von Kohlensäure und mit einer Abgabe von Wärme verbunden. Da man aber weder durch einen Schlag oder Stich noch durch Ammoniakdämpfe und ebensowenig durch elektrische Ströme eine Anzündung oder Verbrennung von Zucker, Fett, Eiweiß oder Alkohol herbeiführen kann, so sind wir auch aus diesem Grunde berechtigt, zu sagen, daß sich die Dinge unmöglich so verhalten können, wie es die thermodynamische Theorie der Muskelmaschine und die Verwendung von Alkohol zu ihrer Heizung notwendigerweise verlangen muß.

Ganz unvereinbar mit der Annahme einer direkten Verbrennung der Nahrungs- und Reservestoffe ist aber auch die Tatsache, daß weder die Vermehrung des Brennmaterials noch eine vermehrte Zufuhr von Sauerstoff eine Verstärkung der Verbrennung zur Folge hat, wie es ja doch der Fall sein müßte, wenn die Oxydationen durch die unmittelbare Verbindung des Sauerstoffs mit den Brennstoffen zustande kämen. Wenn man in den Feuerungsraum einer Maschine mehr brennbare Stoffe einführt, so lodert der Brand mit verstärkter Gewalt, empor und dasselbe ist der Fall, wenn der Blasebalg einen Überschuß von Sauerstoff herbeischafft. Von alledem ist aber in der Muskelmaschine keine Rede. Hier ist das Maß der Verbrennung einzig und allein abhängig von der Zahl und der Stärke der Reize. Weder die Verbrennung noch die Zuckungen verstärken sich in reinem Sauerstoff, und ein Überschuß von Nahrung hat keine andere Folge, als daß sich brennbare Reservestoffe — Glykogen oder Fett — in größerer Menge ablagern, und zwar zum Teil sogar mitten in der Muskelmaschine selbst, wo diese brennbaren Stoffe trotz der unaufhörlich in ihr ablaufenden Verbrennungsprozesse doch so lange unversehrt bleiben, bis sie infolge vermehrter oder verstärkter Reizung nach und nach und immer genau nach Maßgabe dieser Reizung zur Verwendung gelangen.

Aber alles das — nämlich die Deponierung von Reservestoffen und ihre spätere Verwendung — geschieht nur in dem Falle, wenn dem Organismus wirkliche Nahrungsstoffe im Überschuß dargeboten werden, nicht aber bei Zufuhr von Alkohol; und hier sind wir zum ersten Male in der Lage, mit aller Bestimmtheit zu behaupten, daß die Rolle des Alkohols im Organismus eine ganz andere sein muß als diejenige, die man ihm auf Grund der Wärmemaschinentheorie zuschreiben möchte und zuschreiben müßte. Wir haben soeben gehört, daß, wenn man Zucker oder Fett im Überschusse verfüttert, keine verstärkte Verbrennung die Folge ist, sondern nur eine Bildung von vorläufig unverbrannt bleibenden stickstofffreien Reservestoffen. Ganz anders verhält es sich aber mit dem Alkohol. Ob man nun kleinere oder größere Mengen davon einführt, und ganz gleich, ob momentan ein Bedarf nach Energie für die Muskelarbeit besteht oder nicht, in jedem Falle verbrennt — bis auf ganz unbedeutende Teile, die unverbrannt ausgeschieden werden — die ganze Menge des eingebrachten Alkohols, und zwar im Verlaufe von wenigen Stunden; und niemand hält es für möglich, daß ein Überschuß für die Bildung von Reservestoffen verwendet wird. Wenn sich aber die Verbrennung des Alkohols ohne jede Rücksicht auf einen Energiebedarf des Organismus und seiner Muskelapparate vollzieht und überdies keine Möglichkeit besteht, daß er seine momentan nicht verwendbare Energie gleich den wirklichen Nahrungsstoffen in Form von Reservestoffen aufbewahren läßt, so ist es vollkommen klar, daß man schon aus diesen Gründen nicht berechtigt ist, den Alkohol auf eine Stufe mit jenen Substanzen zu setzen, von denen wir wissen, daß sie in jedem Falle, früher oder später, zur Unterhaltung der Lebensarbeit verwendet werden können.

Wenn Sie mich nun fragen, ob es denn nicht möglich ist, auf Grund unserer jetzigen Kenntnisse die Ursache dieser gänzlich abweichenden Haltung des Alkohols gegenüber den zweifellosen Nahrungsstoffen ausfindig zu machen, so lautet meine Antwort dahin, daß diese Möglichkeit tatsächlich besteht, aber allerdings nur dann, wenn man sich entschließt, die Hypothese der direkten Verbrennung der Nahrungsstoffe fallen zu lassen, die ja schon aus den angeführten Gründen nicht mehr haltbar ist, und für deren Unrichtigkeit wir auch weiterhin gewichtige Argumente vorführen werden.

Ich nenne die Annahme einer direkten Verbrennung von Fett, Zucker oder Eiweiß im lebenden Organismus eine Hypothese, weil keinerlei Beweis dafür existiert, daß jemals in diesem aus Fett oder Zucker Kohlensäure oder aus Eiweiß Harnstoff oder Harnsäure entsteht, ohne daß diese nährenden Stoffe zuvor zum Aufbau der lebenden Substanz (des Protoplasmas) verwendet worden wären. Während aber die direkte oder — wie ich sie zu nennen vorgeschlagen habe — die katabolische Zersetzung der Nahrungsstoffe, obwohl so häufig von ihr gesprochen wird, durchaus unbewiesen und daher rein hypothetisch ist, kann niemand daran zweifeln, daß Nahrungsstoffe zum Aufbau der lebenden Substanz verwendet werden, weil ohne eine solche Verwendung Entwickelung und Wachstum ebenso undenkbar wären wie eine Regeneration verloren gegangeeer Teile. Wenn ein halbverhungertes

Tier durch reichliche Nahrung auf seinen ursprünglichen oder einen noch besseren Körperbestand gebracht wird, wenn ein Rekonvaleszent nach langer Krankheit binnen kurzer Zeit wieder aufgefüttert wird, so wissen wir ganz bestimmt, daß neues Protoplasma auf Kosten der Nahrung gebildet wird; und wenn wieder umgekehrt aus irgendeinem Grunde das Körpergewicht abnimmt, so wissen wir ebensogut, daß mindestens ein Teil der ausgeschiedenen Kohlensäure und der stickstoffhaltigen Ausscheidungen aus den verloren gegangenen Körperteilen herrühren muß. Wir sehen also hier einen Modus der Stoffzersetzung und Stoffumwandlung in Wirksamkeit, durch welchen Nahrungsstoffe in Ausscheidungs- oder Verbrennungsprodukte umgewandelt werden können; und diese Art von Stoffumwandlung, die ich im ersten Bande meiner Allgemeinen Biologie als Metabolismus bezeichnet habe, ist im Gegensatze zu der völlig unbewiesenen katabolischen Zersetzung der Nahrungsstoffe ganz und gar nicht hypothetisch, weil ja die Zersetzungsprodukte der lebenden Substanz doch in letzter Instanz nur von den Nahrungsstoffen herrühren können, welche zum Aufbau derselben verwendet worden sind.

Im weiteren Gegensatze zu der direkten Verbrennung, die uns bei der im Organismus herrschenden Temperatur ebenso unverständlich bleibt wie der dominierende Einfluß der Reize auf die Zersetzungen und Oxydationen, bereitet uns dies alles keinerlei Schwierigkeit, wenn wir sie auf metabolischem Wege, durch Aufbau und Zerfall des Protoplasmas, vor sich gehen lassen. Denn obgleich uns die chemische Struktur der Protoplasmamoleküle noch unbekannt ist und wegen ihrer außerordentlichen chemischen Unbeständigkeit, die eine chemische Analyse ausschließt, auch immer unbekannt bleiben wird, sind wir doch wenigstens über eine Eigenschaft dieser Moleküle vollkommen im klaren, nämlich über ihre hochgradige Zersetzlichkeit, welche eben die Anwendung der analytischen

Methoden behufs Eruierung ihrer chemischen Struktur zu einem Ding der Unmöglichkeit macht. Daß aber eine hochgradig zersetzliche Substanz durch Einwirkungen der verschiedensten Art, durch Stoß oder Schlag, durch chemisch wirkende Agenzien, durch elektrische Ströme, ja selbst durch Lichtschwingungen in ihre Komponenten zerlegt werden kann, das ist den Chemikern ebenso geläufig, als daß die Bruchstücke eines zersetzlichen Moleküls im Augenblicke ihrer Befreiung aus der früheren chemischen Bindung, also in statu nascendi, der Einwirkung des atmosphärischen Sauerstoffes in hohem Grade zugänglich sind und auf diese Weise der Verbrennung anheimfallen können. Während wir also nicht verstehen können, wie Eiweiß, Zucker oder Fett bei 37° C. oder bei der noch niedrigeren Temperatur der Kaltblüter verbrennen sollen, und wir ebensowenig ein Verständnis dafür besitzen, wie diese Verbrennung durch schwache mechanische, chemische oder elektrische Reize eingeleitet werden soll, macht es uns um so weniger Schwierigkeiten, uns die Zersetzung der lebenden Substanz durch diese verschiedenen Einwirkungen vorzustellen, als wir ja wissen, daß dieselben Agenzien, welche in stark abgeschwächter Form als physiologische Reize wirken, in größerer Stärke eine Lähmung und schließlich eine definitive Ertötung der lebenden Substanz, d. h. also eine ausgedehnte Zerstörung und Umwandlung in tote Zerfallsprodukte herbeizuführen vermögen.

Da es also ganz zweifellos ist, daß eine Stoffzersetzung durch Vermittelung von Aufbau und Zerfall chemisch labiler Protoplasmamoleküle tatsächlich existiert, und da wir sehen, daß bei dieser Art von Stoffumwandlung sowohl die Verbrennung ohne hohe Anzündungstemperatur als auch die Einleitung der Oxydationen durch die verschiedenen als Reize wirkenden Energien dem Verständnisse keinerlei Schwierigkeiten bereitet, so liegt es wohl nahe, diese sicher existierende Art der Stoffzersetzung und Stoffumwandlung zu verallgemeinern und zu versuchen, ob man nicht die in hohem Grade fragwürdige direkte Verbrennung der Nahrungsstoffe mit allen Schwierigkeiten und Widersprüchen, die sich an sie knüpfen, völlig entbehren und mit der sicher existierenden und gut verständlichen metabolischen Zersetzung allein das Auskommen finden kann.

Dieser vielversprechenden Verallgemeinerung tritt nun ein großes Hindernis entgegen, nämlich die förmlich zum Dogma erhobene Anschauung, daß die lebende Substanz aus Eiweíß besteht, daß zu ihrer Bildung und zu ihrem Wachstum Eiweiß allein verwendet wird, und daß auch die Schäden der Muskelmaschine wieder nur mit Eiweiß ausgebessert werden. Wie sehr diese Anschauung manchen Physiologen in Fleisch und Blut übergegangen ist, habe ich in ziemlich drastischer Weise erfahren müssen, als ich auf meinen Vorschlag, als Nahrungsstoffe nur solche Substanzen anzusehen, die zum Aufbau der lebenden Substanz verwendet werden können, den Einwurf vernehmen mußte, daß ja dann Fette und Zuckerstoffe keine Nahrung wären, da sie ja nicht zum Aufbau des Protoplasmas verwendet werden können[1]). Mein Opponent hat also nicht begriffen, daß das gerade der strittige Punkt ist, dessen Pro und Contra erörtert werden sollen, und hat es offenbar für gänzlich ausgeschlossen gehalten, daß jemand es wagen könnte, an der Eiweißnatur des Protoplasmas zu zweifeln und an der Lehre von der direkten Verbrennung der „respiratorischen Nahrungsmittel" zu rütteln. Aber die metabolische Auffassung des Stoffwechsels, welche nicht nur Eiweiß, sondern auch Zucker und Fett bei dem assimilatorischen Aufbau des Protoplasmas verwendet wissen will, ist ja keineswegs so revolutionär und ketzerisch, wie dieser und auch andere Kritiker glauben machen wollen. Große und berühmte Physiologen wie Claude Bernard, Foster, Hoppe-Seyler, Wundt, Hermann,

[1]) F. Voit, Ergebnisse der Physiologie I, 1, S. 687.

Hering und Pflüger haben diese Auffassung vertreten und einige von ihnen haben ausdrücklich gelehrt, daß bei der Zersetzung des Protoplasmas hauptsächlich stickstofffreie Komplexe seiner Moleküle verbrannt werden, welche dann durch die stickstofffreien Nahrungsstoffe, also durch Zucker oder Fett, wieder ersetzt werden können. Es ist also gar nicht so unerhört, wenn ich behaupte oder wenigstens der Prüfung unterzogen sehen möchte, daß die Potroplasmamoleküle nicht aus Eiweiß bestehen, sondern erstens aus stickstoffhaltigen Komplexen, zu deren Aufbau bei den Tieren Eiweißstoffe notwendig sind, dann aus stickstofffreien Atomgruppen, die ebensogut aus Fett wie aus Zucker gebildet werden können, und endlich auch noch aus gewissen Anhängseln, zu deren Konstruktion die anorganischen Bestandteile der Nahrung verwendet werden, deren Unentbehrlichkeit in einem bestimmten Ausmaße — trotz ihres absoluten Mangels an Kalorien — meiner Ansicht nach nur auf diese Weise begreiflich wird. Diese Annahme würde auch die außerordentliche chemische Labilität dieser ungeheuren Moleküle verständlich machen, in denen eiweißartige Gruppen mit fettsäureähnlichen Ketten und mit Kalium-, Kalzium-, Magnesium- und noch zahlreichen anderen Atomen zu einem schwanken chemischen Gebäude verbunden wären; während wir gar nicht begreifen könnten, wie das Eiweiß, dessen Moleküle nur durch die gewaltsamsten chemischen Eingriffe gesprengt werden können, diesen hohen Grad von chemischer Beständigkeit einbüßen soll, wenn es für sich allein zum Aufbau des Protoplasmas verwendet würde. Während aber dieser feste Zusammenhang der die Eiweißmoleküle bildenden Elemente der Lehre von der Eiweißnatur des hochzersetzlichen Protoplasmas die allergrößten Schwierigkeiten bereitet, fügt er sich vortrefflich in unsere Auffassung, welche die eiweißartigen Komplexe nur zur Bildung eines Teiles der großen labilen Protoplasmamoleküle verwenden läßt; denn sie erklärt uns die Tatsache, daß bei vermehrter Muskelarbeit nur die Ausscheidung der Kohlensäure proportional mit der Steigerung der Arbeit in die Höhe geht, während die stickstoffhaltigen Ausscheidungsprodukte nur eine mäßige Vermehrung erfahren. Denn wir nehmen dann eben an, daß die aus Zucker oder Fett gebildeten Seitenketten der chemischen Einheiten des Muskelprotoplasmas bei deren Zerstörung durch den Kontraktionsreiz der Verbrennung anheimfallen, während die relativ stabilen eiweißartigen Komplexe zum großen Teil ihren Zusammenhang bewahren und beim Wiederaufbau der Moleküle zusammen mit neuem stickstofffreien Material (Zucker oder Fett) wieder verwendet werden können.

Die von den Dogmatikern der Eiweißnatur des Protoplasmas und der direkten Verbrennung der Zuckerstoffe und Fette so sehr perhorreszierte Verwendung der letztgenannten Stoffe zum Aufbau der hochkomplizierten Moleküle der lebenden Substanz enthält auch die natürlichste Erklärung für gewisse Stoffumwandlungen, welche ansonst vollkommen unverständlich bleiben. Ich will von diesen zahlreichen Umsetzungen nur ein einziges Beispiel zur Sprache bringen, nämlich die Bildung der spezifischen Bestandteile der Milch auf Kosten einer Nahrung, in der von ihnen nicht das Geringste enthalten ist. In jeder Milch und daher auch in der Kuhmilch findet sich ein Eiweißkörper, der Käsestoff, der eine ganz andere chemische Struktur besitzt wie das Pflanzeneiweiß der Nahrung und das Blut- oder Muskeleiweiß des Körpers; auch der Milchzucker ist weder im Gras noch in den Säften der Kuh aufzufinden; und auch das Butterfett ist ganz verschieden von den im Futter enthaltenen Pflanzenfetten und kann auch bei fettarmer Nahrung, wenn nur reichliche Kohlehydrate verfüttert werden, in reichlichstem Maße ausgeschieden werden. Diese Stoffumwandlungen bleiben nun so lange unverständlich, als man sie in den Säften unter einem undefinierbaren Einflusse des Protoplasmas auf direktem Wege vor sich gehen läßt, während sie leicht zu verstehen sind, wenn auch Zucker und Fett zum Aufbau des Protoplasmas der milchabsondernden Zellen herangezogen werden, und wenn dann diese Protoplasmen, denen wir wie jedem Organ und jedem Gewebe eine nur ihnen allein zukommende Atomanordnung ihrer Moleküle zuschreiben müssen, bei ihrem Zerfall auch eigenartige, im übrigen Organismus gar nicht vertretene Abspaltungsprodukte zutage fördern.

Aus allen diesen Gründen ist es also in hohem Grade wahrscheinlich, daß die metabolische Stoffwechseltheorie das Richtige trifft, wenn sie alle Nahrungsstoffe ohne Ausnahme vom Protoplasma assimilieren und zum Aufbau seiner Moleküle verwenden läßt, und wenn sie auf der andern Seite wieder alle Ausscheidungsprodukte und alle im Körper abgelagerten Reservestoffe aus dem Zerfall dieser hochkomplizierten chemischen Strukturen ableitet. Ist dies aber der Fall, dann muß die metabolische Auffassung auch auf die dynamischen Leistungen des Organismus und speziell auf jene Mechanismen übertragen werden, welche in bezug auf die Produktion von kinetischer Energie weit im Vordergrunde stehen, nämlich auf die Muskeln. Denn diese leisten nicht nur alle mechanische Arbeit, die der Organismus nach außen abgeben kann, sondern sie bilden auch die wichtigste Quelle der Lebenswärme, weil man ruhig behanpten kann, daß der weitaus größte Teil der Oxydationen in den muskulösen Gebilden vor sich geht, und weil außerdem auch noch die innere Muskelarbeit (in der Herz- und Gefäßmuskulatur, in den Respirations- und Darmmuskeln usw.) nach außen hin wieder nur als Wärme zur Geltung kommt. Die Anwendung der metabolischen Auffassung, welche die Stoffwechselprozesse auf den Aufbau und Zerfall von Protoplasmamolekülen zurückführt, bedeutet aber zugleich, daß die Lieferung von Wärme und mechanischer Arbeit von seiten der kontraktilen Gebilde nicht auf einer Heizung einer aus Eiweiß konstruierten Maschine mit brennbarer

Nahrung beruht, sondern auf einer Kombination von Zerfall und Aufbau der beiden Muskelprotoplasmen, welche einerseits die Gestaltveränderung des Muskels und die darauf beruhende mechanische Arbeitsleistung bewirkt, und außerdem auch die für den Warmblüter so überaus wichtige Wärmeproduktion zur Folge hat, weil der Zerfall der Protoplasmamoleküle jedesmal mit einer Verbrennung eines Teils ihrer Zerfallsprodukte einhergeht.

Auf Grund dieser metabolischen Vorstellung wird uns auch das Resultat der früher besprochenen Versuche von Heidenhain und das durch sie festgestellte eigentümliche Verhältnis zwischen mechanischer Arbeit und Wärmeproduktion im zuckenden Muskel durchaus verständlich. Wie Sie sich erinnern, hat Heidenhain gefunden, daß die Muskelmaschine bei vermehrter mechanischer Arbeit nicht entsprechend weniger Wärme nach außen abgibt, wie dies bei allen kalorischen Maschinen der Fall ist, sondern daß im Gegenteil mit der Vermehrung der Arbeitsleistung auch gleichzeitig die Wärmeproduktion in die Höhe geht; und wir haben aus dieser paradoxen Erscheinung geschlossen, daß der Muskel nicht nach dem Prinzipe der Wärmekraftmaschine arbeitet. Wir können aber daraus nicht nur negative, sondern auch positive Schlüsse ziehen, weil dieses Verhältnis zwischen mechanischer Arbeit und Wärme mit der metabolischen Auffassung der Muskelmaschine auf das beste in Einklang zu bringen ist. Wenn nämlich die Gestaltveränderung des Muskels wirklich darauf beruht, daß infolge des Kontraktionsreizes das Protoplasma der Fibrillen zerfällt und auf diese Weise eine Verkürzung der Muskelfaser nach der Längsrichtung herbeiführt, dann muß nach Ablauf der Zuckung ein Wiederaufbau der zerstörten protoplasmatischen Teile stattfinden und durch die darauf beruhende Elongation des Muskels die Möglichkeit für eine abermalige Kontraktion geschaffen werden. Diese Verlängerung des Muskels durch das Wachstum der Fibrillensubstanz hat aber gewisse mechanische Hindernisse zu überwinden, nämlich die Elastizität der die einzelnen Muskelfasern umgebenden Sarkolemmschläuche und des während der Verkürzung der Fibrillen der Quere nach angewachsenen Sarkoplasmas. Diese Wiederstände werden aber vermindert, wenn der Muskel durch eine stärkere Belastung der Länge nach gestreckt wird; es kann also in dem belasteten Muskel während der Kontraktionspausen mehr Protoplasma in den Fibrillen gebildet werden als in dem weniger belasteten; und wenn nun der Reiz wieder einsetzt, dann wird durch ihn mehr Fibrillenprotoplasma zerstört und daher dementsprechend auch mehr Wärme produziert, während zu gleicher Zeit durch die Hebung des schwereren Gewichtes auch mehr mechanische Arbeit geleistet wird.

Während wir also sehen, daß die Erscheinungen am Muskel selbst sehr energisch gegen die Verwendung der Nahrungsstoffe als Heizmaterial und für ihre Funktion als Baustoffe zur Wiederherstellung des zerstörten Muskelprotoplasmas aussagen, steht uns auch in bezug auf den Gesamtstoffwechsel eine ganze Reihe von Tatsachen zur Verfügung, welche nur in demselben Sinne verwertet werden kann. Würden die Nahrungsstoffe direkt verbrannt, damit die von ihnen gelieferte Wärme in mechanische Arbeit umgewandelt und der Rest zur Erwärmung des Körpers verwendet wird, dann müßte es gleichgültig sein, welche Art von Nahrung verbrannt wurde, wenn sie nur bei ihrer Verbrennung das erforderliche Maß von Kalorien herbeischafft; und in der Tat hat man auch aus dieser aprioristischen Annahme das Gesetz der Isodynamie abgeleitet, welches besagt, daß sich die verschiedenen Nahrungsstoffe nach ihrem Gehalte an chemischer Spannkraft, also nach der Zahl der von einem jeden Gramm gelieferten Wärmeeinheiten vertreten können. Die Beobachtung und das Experiment haben aber dieses theoretisch konstruierte Gesetz in keiner Weise bestätigt. Vor allem hat sich gezeigt, daß eine gewisse Eiweißmenge absolut unentbehrlich ist, und daß die Kalorien dieses obligaten Eiweißquantums durch die Kalorien keiner anderen Nahrung ersetzt werden können. Man hat dies so zu deuten versucht, daß eine gewisse Menge von Eiweiß zur Ausbesserung der Maschine und zum Ersatz für abgestoßene Epidermis- und Darmephithelzellen notwendig sei. Aber, wenn dies richtig wäre, dann müßte jene Eiweißmenge, deren Stickstoff in den Hungertagen verloren geht, auch an anderen Tagen ausreichen, um den Eiweißbestand des Körpers zu erhalten. Das ist aber keineswegs der Fall. Denn, wenn man nur dieses Hungerminimum, das ist ca. fünf Prozent aller Kalorien einer normalen Nahrung, in Form von Eiweiß und die anderen Kalorien als Zucker oder Fett einführt, dann verliert der Organismus ganz gewaltig an seinem Bestand, und er kann diesen nur dann erhalten, wenn die Eiweißkalorien 16—19 Prozent der Gesamtkalorien betragen. Dagegen gibt es allerdings einen Modus, mit dem Hungerminimum an Eiweiß auszukommen, wenn man nämlich neben diesem Eiweißminimum einen großen Überschuß von Kohlehydraten verabreicht. Aber dieser Überschuß muß so groß sein, daß dadurch die Kalorien der Nahrung auf das Zweiundeinhalbfache anwachsen. Sie sehen also schon aus dieser einen Tatsache, daß von einer Isodynamie der Kalorien der verschiedenen Nahrungsstoffe absolut keine Rede sein kann.

Eine ebenso eklatante Widerlegung der theoretisch konstruierten Gleichwertigkeit der Wärmeeinheiten ergaben die Versuche von C. von Voit mit abwechselnder Verabreichung von Fett und Leimsubstanzen neben der genügenden Menge von Eiweiß. Die Leimsubstanzen, die man durch Kochen von Bindegewebe, Knorpel oder Knochen erhält, unterscheiden sich von Zucker und Fett durch ihren Stickstoffgehalt; sie können aber trotzdem das Eiweiß nicht ersetzen, sondern nur neben Eiweiß statt Zucker oder Fett gegeben werden. Voit hat nun gezeigt, daß Leim neben der genügenden Menge von Eiweiß den Körper viel besser erhält als dasselbe Gewicht von Fett neben Eiweiß, obwohl die Fette einen bedeutend höheren Brennwert besitzen als Leim [nämlich 9689 Kalorien gegen 5493][1]). Das ist für die katabolische Auffassung, welche Fett und Leim als Heizmaterial verbrennen lassen muß, vollkommen unverständlich, während wir ganz gut verstehen, daß die stickstoffhaltigen Leimsubstanzen imstande sein können, gewisse stickstoffhaltige Atomkomplexe der Protoplasmamoleküle aufzubauen, und daß sie daher für die Restitution der zerstörten Moleküle wertvoller sein können als die keinen Stickstoff enthaltenden Kohlehydrate und Fette.

Und nun sind wir bei dem Punkte angelangt, wo wir uns fragen müssen, was wir von dem Alkohol zu erwarten haben, wenn wir ihn an die Stelle von zweifellosen Nahrungsstoffen treten lassen oder ihn neben einer genügenden Nahrungsmenge in den Körper einführen.

Nur wenn es wirklich wahr wäre, daß eine Nahrung gerade so viel wert ist, wie sie bei ihrer Verbrennung Wärme produziert, könnten wir auch vom Alkohol eine nährende Wirkung erwarten, weil man jetzt weiß, daß er zu 98—99 Proz. im Körper verbrennt; aber man müßte selbst vom Standpunkte der kalorischen Theorie daran Anstoß nehmen, daß er in jeder Menge, ohne Rücksicht auf den Energiebedarf, binnen wenigen Stunden verbrennt, während die zweifellosen Nahrungsstoffe immer nur nach Maßgabe der durch die Lebensreize hervorgerufenen Leistungen zersetzt werden und eine im Überschuß eingeführte wahre Nahrung nicht verbrennt, sondern nur zur Vermehrung der Reservestoffe beiträgt. Nun gibt es aber, wie ich heute gezeigt habe, ganz gewichtige Gründe, weshalb wir die direkte Verbrennung der Nahrungsstoffe für die Energielieferung ablehnen und an ihrer Stelle die Verwendung

[1]) Dazu kommt noch, daß ein Teil der Kalorien des Leims den Körper im Harnstoff verläßt, während vom Fett nur gesättigte Produkte — Kohlensäure und Wasser — abstammen.

zum Aufbau und zum Wiederaufbau der zerstörten Protoplasmateile treten lassen müssen; und damit sinken die Chancen für die Verwertung des Alkohols als Nahrung geradezu auf Null herunter, weil meines Wissens niemand für möglich hält, daß der Alkohol im Tierkörper assimiliert und zur Bildung von Protoplasma verwendet wird. Eine solche assimilatorische Verwendung des Alkohols ist aber für unsere Auffassung vollkommen ausgeschlossen, weil wir ihn nach seinen bekannten Wirkungen als ein Gift ansehen müssen und weil die giftige Wirkung eines Stoffes nach unserer metabolischen Auffassung der Lebensvorgänge nur darin bestehen kann, daß er vermöge seiner chemischen Eigenschaften das Protoplasma zerstört. Wenn man z. B. durch die Einwirkung von Alkoholdämpfen auf eine Nervenstrecke, wie Steinach gezeigt hat, am Ende des Nerven eine Muskelzuckung oder eine negative Schwankung des Nervenstromes herbeiführen kann, so können wir uns dabei nichts anderes denken, als daß an der Reizungsstelle das Nervenprotoplasma durch die Giftwirkung des Alkohols zerfällt, und daß sich dieser Zerfallprozeß längs der Nervenbahnen bis zum Muskel oder zu den Elektroden fortpflanzt. Sollen wir nun wirklich glauben, daß dieselben Alkoholmoleküle, welche bei ihrem Zusammentreffen mit den labilen Protoplasmamolekülen diese zerstören, gleichzeitig zum Aufbau neuer Protoplasmamoleküle verwendet werden? Das ist schon aus dem Grunde nicht denkbar, weil niemals eine selbständige Bildung von Protoplasma, sondern nur eine assimilatorische Bildung seiner Moleküle in der unmittelbaren Nähe schon vorhandenen Protoplasmas stattfindet, und es daher klar ist, daß die assimilierenden Moleküle ihre assimilatorische Funktion nicht ausüben können, wenn dieselbe Substanz, die sie assimilieren sollen, sie selbst durch ihre Giftwirkung zerstört.

Aber auch aus einem anderen Grunde ist die assimilatorische Verwendung des Alkohols zur Bildung von Protoplasma vollkommen ausgeschlossen, weil wir ja annehmen müssen, daß das Alkoholmolekül bei seinem Zusammentreffen mit dem zersetzlichen Protoplasmamolekül nicht nur dieses zerstört, sondern bei diesem Zusammenstoß auch selber gesprengt und der oxydierenden Wirkung des Sauerstoffes zugänglich wird. Denn wie sollen wir uns denn anders die Tatsache erklären, daß der Alkohol nur bei der Berührung mit lebenden Teilen verbrennt, während er z. B. als Präparatenspiritus mit den abgestorbenen Geweben jahrelang in Berührung bleiben kann, ohne der Verbrennung anheimzufallen? Diese Eigenschaft des Alkohols, beim Zusammenstoß mit dem lebenden Protoplasma nicht nur dieses zu zerstören, sondern auch selber verbrannt zu werden, macht nicht nur seine assimilatorische Verwendung zu einem Ding der Unmöglichkeit, sondern erklärt uns auch, warum er in jedem Falle, ohne Rücksicht auf das Eintreten oder Fehlen physiologischer Reize, verbrennt, und warum er nicht wie die wahren Nahrungsstoffe, befähigt ist, eine Vermehrung der Reservestoffe zu bewirken. Denn um dies zu tun, müßte er wie überschüssige Mengen von Eiweiß, Zucker oder Fett zum Aufbau von Luxusprotoplasma verwendet werden, welches dann unter Abspaltung von Glykogen oder Fett zerfallen kann. Daß er dies nicht imstande ist, zeigt uns nur von neuem, daß wir ihn nur als ein Protoplasmagift und keineswegs als eine Nahrung ansehen können.

Das wären die wichtigsten theoretischen Einwände und Bedenken, die sich gegen eine nährende Fähigkeit des Alkohols erheben, und wir könnten nun an die Prüfung des Tatsachenmaterials herantreten. Früher möchte ich aber doch noch die Frage zur Diskussion stellen, ob und wie weit solche theoretischen Erörterungen berechtigt, und ob sie überhaupt für die ganze Sache von Bedeutung sind. Ich habe nämlich alle diese Bedenken schon zu wiederholten Malen vorgebracht, und immer wurde von den Verteidigern der nährenden Wirkung des Alkohols gesagt, daß sie auf die Theorien gar nicht eingehen und sich ausschließlich an die Tatsachen halten wollen. Ich halte aber diesen Standpunkt für gänzlich verfehlt, und zwar aus verschiedenen Gründen. Vor allem wird von den Vertretern der gegnerischen Anschauung mit ungleichem Maße gemessen, weil sie die theoretischen Gründe nur insolange abwehren, als sie gegen den Nährwert des Alkohols aussagen, während ja im Grunde genommen die Annahme eines solchen Nährwertes nichts anderes ist als eine theoretische Deduktion aus einem theoretisch gewonnenen Obersatze. Niemand würde daran denken, einer giftigen Substanz einen Nährwert zuzuschreiben, wenn er nicht von vornherein überzeugt wäre, daß eine im Körper verbrennende Substanz in jedem Falle nährend sein müsse, weil ja die Nahrung — oder wenigstens ein großer Teil derselben — verbrannt werde, um dem Organismus Wärme und Arbeitsenergie zu verschaffen. Mit dieser theoretischen Annahme geht man dann an die empirischen Tatsachen heran und ist von vornherein überzeugt, daß sie dieser vorgefaßten Meinung entsprechen müssen. Wenn ich also zeige, daß diese vorgefaßte Meinung nicht mehr haltbar ist, weil ihr eine ganze Reihe von Tatsachen widerspricht, so ist dies keineswegs eine bloß theoretische Auseinandersetzung, die man mit Stillschweigen übergehen kann, sondern es greift dies alles direkt an die Wurzel der ganzen Frage, weil die Lehre von der nährenden Wirkung des Alkohols vollkommen in der Luft schwebt, wenn ihre theoretische Grundlage, nämlich die Lehre von der direkten Verbrennung der Nahrungsstoffe ohne Dazwischentreten von Aufbau und Zerfall des Protoplasmas, durch die Vorführung direkt widersprechender Tatsachen beseitigt ist. Denn es ist ja keine bloße Theorie, sondern eine Tatsache, daß sich die Nahrungsstoffe nicht nach der Zahl ihrer Kalorien vertreten können; es ist ferner eine Tatsache, daß der gereizte Muskel bei größerer Arbeitsleistung nicht weniger, sondern mehr Wärme produziert; es ist auch eine Tatsache, daß der Alkohol nicht wie die zweifellosen

Nahrungsstoffe nur nach Maßgabe der einwirkenden Lebensreize, sondern ohne jede Rücksicht verbrennt; und endlich ist es eine Tatsache, daß der Alkohol nicht wie die nährenden Stoffe zum Aufbau von neuen Geweben und zur Bildung von Reservestoffen verwendet werden kann. Über alles das darf man also nicht unter dem Vorwande hinwegsehen, daß man sich nur mit Tatsachen und nicht mit bloßen Theorien beschäftigen will.

Ich hoffe Ihnen aber in der zweiten Hälfte meines Vortrages zeigen zu können, daß auch die auf den Nährwert des Alkohols direkt bezüglichen Erfahrungen und Versuche keineswegs zu seinen Gunsten ausgefallen sind.

II. Die Tatsachen.

Da nicht nur die gesamte mechanische Arbeit des Tierkörpers — wenn man von der Flimmerbewegung absieht — sondern auch der weitaus größte Teil der Wärme im Muskelsystem gebildet wird, wäre es für unsere Frage von der größten Bedeutung, wenn wir erfahren könnten. welche Wirkung der einem Muskel direkt zugeführte Alkohol in diesem hervorbringt, und wenn man diese Wirkung mit der eines zweifellosen Nahrungsstoffes vergleichen könnte. Das ist beim Herzmuskel tatsächlich der Fall, denn man kann seine Zusammenziehungen auch beobachten, wenn das Herz von der allgemeinen Zirkulation losgetrennt ist, und es ist auch möglich, ihm durch seine Gefäße diejenigen Stoffe zuzuführen, deren Wirkung auf die Muskelarbeit man eben zu prüfen die Absicht hat. Solche Versuche sind nun nicht nur am Froschherzen, sondern in der letzten Zeit auch am überlebenden Kaninchenherzen ausgeführt worden und haben in unzweideutiger Weise gegen die nährende Wirkung des Alkohols ausgesagt. Ich will hier nur auf die jüngsten Versuche von Backman etwas näher eingehen, die er im physiologischen Institute von Upsala ausgeführt hat[1]. Das Gefäßsystem des herausgeschnittenen und in einem erwärmten Raume gehaltenen Kaninchenherzens wird mit einer erwärmten und sauerstoffhaltigen Salzlösung durchspült, welche erfahrungsgemäß die Lebenstätigkeit des Herzens

[1]) Skandinavisches Archiv für Physiologie, 18. Band, S. 323.

durch mehrere Stunden erhalten kann, und es werden seine Kontraktionen durch die Hebungen und Senkungen eines Schreibapparates auf einer rotierenden Trommel verzeichnet. Dabei zeigt es sich, daß die Hubhöhen nach und nach abnehmen, daß man aber durch Hinzufügen von etwas Traubenzucker zu der durchströmenden Flüssigkeit schon innerhalb weniger Sekunden eine deutlich wahrnehmbare Verstärkung der Kontraktionen herbeiführen kann. Nimmt man aber statt des Zuckers Alkohol in einer Verdünnung von 0,5, 0,1 oder 0,05 Prozent, so zeigt sich jedesmal die entgegengesetzte Wirkung, indem sowohl die Hubhöhen als die Zahl der Kontraktionen abnehmen, wozu sich auch eine Unregelmäßigkeit der Zusammenziehungen gesellt. Um aber dem Einwande zu begegnen, daß das Herz schon zu sehr erschöpft war, um eine günstige Wirkung des Alkohols zeigen zu können, wurde nach der deutlich schwächenden Wirkung des Alkohols wieder Zucker zugeführt, und auch hier kam wieder sofort die restituierende Wirkung dieses vorzüglichen Nahrungsstoffes zum Vorschein.

Was lehrt uns nun dieser tadellos ausgeführte Versuch? Er zeigt uns auf das schlagendste die direkt gegensätzliche Wirkung eines Nahrungsstoffes und eines Giftes und zugleich die Wertlosigkeit der durch die Verbrennung des Alkohols gelieferten Energie für die Muskelmaschine. Denn daß der Alkohol auch hier bei der Berührung mit dem lebenden Protoplasma verbrennt, kann unmöglich bezweifelt werden, weil erstens nicht einzusehen ist, warum gerade hier diese Verbrennung unterbleiben soll und weil wir aus der ungünstigen Beeinflussung der Herztätigkeit mit Sicherheit auf eine Reaktion zwischen Gift und Protoplasma schließen können. Aber offenbar ist die chemische Energie des verbrennenden Alkohols für die Arbeit des Muskels vollkommen wertlos, und zwar, wie wir annehmen müssen, aus dem Grunde, weil der Muskel nicht als kalorische Maschine arbeitet, sondern durch Zerfall und Aufbau seiner Protoplasmen und die damit verbundene Gestaltsveränderung, und weil nur solche Stoffe eine Quelle der Muskelkraft abgeben können, die von den Protoplasmen assimiliert und zum Wiederaufbau ihrer zerstörten Moleküle verwendet werden können.

Eine sehr wertvolle Ergänzung seines lehrreichen Experimentes mit dem Alkohol hat uns derselbe Forscher durch einen anderen Versuch verschafft, indem er statt Alkohol Milchsäure in ebenfalls starker Verdünnung durch die Gefäße des überlebenden Kaninchenherzens fließen ließ. Auch hier zeigte sich niemals eine günstige, sondern immer nur eine nachteilige Wirkung, indem die Schlaghöhe des Herzens um ein Drittel und bei etwas stärkerer Konzentration sogar um zwei Drittel herabsank. Nun wissen wir aber, daß auch die Milchsäure wie der Alkohol im lebenden Organismus zu Kohlensäure und Wasser verbrennt, und man hat daher auch hier aus theoretischen Gründen angenommen, daß sie nährende Eigenschaften haben müsse, und daß ihre Kalorien vom Körper ausgenutzt werden müssen. Aber die Stoffwechselversuche von Weiske und Wildt haben ganz zweifellos ergeben, daß der Eiweißzerfall durch Milchsäure nicht wie durch Zucker eingeschränkt, sondern im Gegenteil nur gesteigert wird, daß also der Protoplasmabestand des Körpers durch die Milchsäure nicht erhalten, sondern im Gegenteil dessen Schwund noch beschleunigt wird; und dies stimmt auch vortrefflich zu dem Ergebnisse des Herzversuches, weil beide so ganz verschiedenartige Experimente in völliger Übereinstimmung demonstrieron, daß die im Körper verbrennende Milchsäure mitsamt ihren Kalorien nicht nährend, also — nach unser Auffassung — nicht protoplasmabildend, sondern wie der Alkohol nur giftig, d. h. also protoplasmazerstörend, wirkt.

Das schließt aber nicht aus, daß auch ein giftiger Stoff vorübergehend eine scheinbar günstige Wirkung auf die Muskelarbeit ausübt, wenn er nämlich als chemischer

Reiz entweder auf den Muskel selbst oder auf seine Nerven einwirkt. Tatsächlich haben auch die Versuche am Ergographen gelehrt, daß unter dem Einflusse des Alkohols vorübergehend mehr Arbeit geleistet wird; aber es hat sich auch bei allen derartigen Versuchen herausgestellt, daß die anfängliche Steigerung von einer Herabsetzung der Arbeitsfähigkeit gegenüber der Norm gefolgt ist. Daraus allein muß man schon schließen, daß es sich nicht um eine nährende Wirkung handeln kann, wie wir sie z. B. dem Zucker zuschreiben müssen, welcher auch bei den Versuchen am Ergographen wie bei dem Herzversuche stets nur eine befördernde und niemals eine schädigende Wirkung wahrnehmen läßt. Wir haben es vielmehr offenbar mit einer reizenden Wirkung des narkotischen Giftes zu tun, welche wie bei allen andern narkotisch wirkenden Stoffen alsbald in eine lähmende Wirkung übergeht. Zudem haben aber die Versuche von Scheffer am Froschmuskel gezeigt[1]), daß der Reiz des Alkohols nicht einmal am Muskel selbst, sondern nur an seinem Nerven angreift; denn auch die vorübergehende Arbeitssteigerung ist ausgeblieben, wenn der Frosch, an dem diese Versuche angestellt wurden, zuvor mit Curare (Pfeilgift) vergiftet wurde, welches die Eigenschaft hat die Nervenendigungen im Muskel zu lähmen, den Muskel selbst aber in seiner Funktion nicht zu beeinträchtigen. Damit ist also wieder, genau so wie durch den Herzversuch, der, wie mir scheint, ganz unanfechtbare Beweis erbracht, daß von einer Umwandlung der Verbrennungswärme des Alkohols in die Muskelarbeit nicht mehr die Rede sein kann, und man muß daher an alle, welche eine solche Umwandlung noch immer für möglich halten, die dringende Bitte richten, diese Versuche nicht mehr zu ignorieren, sondern sie entweder zu widerlegen oder, wenn

---

[1]) Archiv für experimentelle Pathologie und Pharmakologie, 44. Bd.

sie dazu nicht imstande sind, ihre Beweiskraft gegen die nährende Wirkung des Alkohols anzuerkennen.

Auf einem ganz anderen Wege ist der Pariser Physiologe Chauveau an diese Frage herangetreten. Da man von einer ausreichenden Nahrung verlangen kann, daß sie zugleich die Arbeitsfähigkeit gewährleistet und den Körperbestand sichert, hat er zuerst einen Hund durch längere Zeit mit einer aus Fleisch und Zucker bestehenden Nahrung Tag für Tag eine bedeutende Arbeit (durch Laufen in einer Lauftrommel) verrichten lassen, und als sich gezeigt hatte, daß die Nahrung nicht nur ausreichte, um den Körperbestand zu erhalten, sondern sogar trotz der schweren Arbeit eine mäßige Gewichtszunahme zu gestatten, ersetzte er den dritten Teil der Zuckerration durch eine Alkoholmenge von gleichem Brennwert, um zu sehen, ob nun bei dem gleichen Brennwert der Nahrung noch immer die gleiche Wirkung erzielt werden könne. Aber auch hier ist wieder genau das eingetroffen, was man erwarten mußte, wenn man auf der einen Seite die Nahrung durch die Entziehung einer beträchtlichen Zuckermenge verkürzt und auf der anderen Seite eine relativ bedeutende Menge eines narkotischen Giftes einführt. Während das Tier bei der normalen Nahrung in seiner Lauftrommel Tag für Tag ca. 24 km anstandslos bewältigte und dabei noch an Gewicht zunahm, konnte man es an den Alkoholtagen nur mit großer Mühe und durch fortwährendes Antreiben dazu bringen, daß es statt der früheren 24 nur noch 18,6 km (im Durchschnitt) zurücklegte, und es zeigte sich also in bezug auf die Arbeitsleistung auch hier keine fördernde, sondern eine auffallend schädigende Wirkung des Alkohols. Der Hund war nach Chauveaus Angabe an den Alkoholtagen leicht beduselt (légèrement inebrié) und konnte in dieser leichten Narkose nur etwas über zwei Drittel der früheren Laufarbeit leisten. Aber der Hund war nicht nur leicht narkotisiert und dadurch zur Arbeit weniger aufgelegt als sonst, sondern er war jetzt auch mangelhaft ernährt, weil ihm ein Drittel seiner gewohnten Zuckerration entzogen und durch eine, wie wir bereits wissen, für seine Ernährung wertlose Substanz ersetzt war; und außerdem wirkte der Alkohol als Protoplasmagift auch noch schädigend auf den Bestand seiner lebenden Substanz. Durch diese beiden ungünstigen Momente wurde der günstige Einfluß, den die verminderte Arbeit auf den Körperbestand ausgeübt hätte, mehr als kompensiert, und die Folge davon war, daß nicht eine noch größere Zunahme des Körpergewichtes erfolgte, wie man vom Standpunkte der doktrinären Kalorienbemessung der Nahrung hätte erwarten müssen, wenn bei gleichbleibendem Kaloriengehalte der Nahrung um ein Drittel weniger Arbeit geleistet wurde, sondern das gerade Gegenteil, nämlich eine Abnahme des Gewichtes gegenüber der Zunahme bei der bedeutend größeren Arbeit. Diese doppelte Wirkung des Ersatzes der Zuckerkalorien durch Alkoholkalorien: verminderte Arbeitsleistung und dabei Abnahme des Körperbestandes, liefert nun einen neuerlichen Beweis dafür, daß der Alkohol niemals nährende, sondern immer nur schädigende Wirkungen ausüben kann.

Sie werden nun sicherlich nicht wenig überrascht sein, zu hören, daß die Anhänger der nährenden Wirkung des Alkohols sich durch alle diese, miteinander so gut übereinstimmenden Tatsachen in ihrer vorgefaßten Meinung nicht erschüttern lassen. Dieses Kunststück bringen sie in der Weise zuwege, daß sie die Herzversuche und den Curareversuch ganz einfach ignorieren und sich bemühen, den Versuch von Chauveau in ihrem Sinne umzudeuten.

In der letzteren Richtung war besonders Rosemann tätig, welcher, bei aller Anerkennung für die tadellose Technik von Chauveau, dennoch an dem Versuche auszusetzen hat, daß der Hund zu viel Alkohol, nämlich 2,4 g pro Kilo seines Gewichtes bekommen habe; infolgedessen sei das Tier betrunken, und zwar „stark betrunken“

gewesen; es habe also in seinem Erregungszustande überflüssige und unzweckmäßige Bewegungen gemacht und dabei „mit größter Wahrscheinlichkeit" mehr Energie verbraucht als beim Laufen im nüchternen Zustande; infolgedessen sei die Nahrung für das Plus von Arbeit unzureichend gewesen, und deshalb habe das Gewicht trotz der verringerten Leistung abgenommen.

Es mag nun zugegeben werden, daß die Alkoholdosis des Hundes etwas groß war, aber sie war nicht viel größer, als Rosemann bei seinen Selbstversuchen zu sich genommen hat, wo er bei einem Gewicht von 80 Kilo 143,5 g Alkohol verbrauchte, also 1,8 g pro Kilo (gegen 2,4 im Versuche von Chauveau). Da nun Rosemann selbst bei seiner ebenfalls ziemlich großen Dosis nichts von einer narkotischen Wirkung verspürt hat, wäre es sicherlich in hohem Grade überraschend, wenn bei der nur wenig größeren Dosis von Chauveau eine so „hochgradige Narkose" eingetreten wäre, daß der „stark betrunkene" Hund wie toll um sich geschlagen und dadurch ein so bedeutendes Plus an Energie verbraucht hätte. Auch ist es schwer zu verstehen, wie Rosemann in demselben Satze davon sprechen kann, daß der Hund infolge der hochgradigen Narkose „zur Arbeitsleistung in hohem Maße unfähig" war, und daß dennoch der Energieverbrauch des zur Arbeit unfähigen Tieres ein größerer gewesen sein soll als im nüchternen Zustand.

Dabei müssen wir aber doch auch fragen, wer den Zustand des Versuchstieres besser zu beurteilen imstande ist, der Experimentator, der das Tier Tag für Tag beobachtet, oder der Kritiker, der es niemals gesehen hat. Chauveau sagt, daß der Hund leicht berauscht war, Rosemann dagegen schildert ihn als stark betrunken. Chauveau berichtet, daß der Zählapparat der Laufmaschine an den Alkoholtagen ein bedeutendes Minus des zurückgelegten Weges angezeigt habe, Rosemann aber behauptet trotzdem, daß das Tier mehr Arbeit geleistet haben müsse. Davon, daß der Hund überflüssige und unzweckmäßige Bewegungen gemacht habe, und zwar in dem Maße, daß daraus statt des ziffermäßig festgestellten Minus ein Plus von Muskelarbeit abgeleitet werden müßte, kommt in dem Berichte des Experimentators nicht das Mindeste vor, und selbst wenn dies trotzdem stattgefunden hätte, wäre es undenkbar, daß diese Bewegungen ohne jede Wirkung auf die Umdrehung der Lauftrommel geblieben wären[1]). Aber alle diese Erörterungen sind eigentlich überflüssig, weil Chauveau an einigen Tagen des Arbeitsversuches auch den Gaswechsel kontrollierte und angibt, daß die durchschnittliche Ausgabe von Kohlensäure pro Stunde unter Alkohol bedeutend geringer war als ohne Alkohol, nämlich 44,82 ccm gegen 55,25 ohne Alkohol; und da wir nun wissen, daß jede noch so geringfügige Muskeltätigkeit unter allen Umständen mit einer entsprechenden Ausgabe von Kohlensäure verbunden ist, so wissen wir auch ganz genau, daß das Versuchstier nicht, wie Rosemann gern haben möchte, unter dem Einflusse des Alkohols eine größere, sondern im Gegenteil, wie ja auch der Zählapparat angegeben hat, eine bedeutend geringere Muskelarbeit geleistet hat, und daß daher diese Bemängelung von Rosemann jeder Berechtigung entbehrt.

Natürlich weiß Rosemann ganz genau, daß eine vermehrte Muskelarbeit nicht mit einer verminderten Kohlensäureausscheidung einhergehen kann, und er war daher auch in dieser Richtung bemüht, einen Ausweg zu finden. Er behauptet nämlich, daß die Respirationsversuche zu einer ganz anderen Zeit stattgefunden haben als die Arbeitsversuche, und daß man daher gar nicht

---

[1]) Bei einem noch im Gange befindlichen Versuche mit einem weiblichen Bulldog habe ich an den Alkoholtagen nichts von einer vermehrten Muskeltätigkeit wahrnehmen können, sondern nur — in voller Übereinstimmung mit Chauveau — eine große Trägheit der Bewegungen, so daß dieselbe Strecke eine bedeutend längere Zeit in Anspruch nahm als beim Laufen ohne Alkohol.

wissen könne, wie sich die Kohlensäureausscheidung während der Laufarbeit verhalten habe. Hier befindet er sich aber in einem krassen Irrtum, den er bei einiger Aufmerksamkeit leicht hätte vermeiden können. Denn in den Mitteilungen von Chauveau finden sich genaue Zeitangaben über die einzelnen Versuche, und aus diesem geht ganz deutlich hervor, daß Arbeitsversuche und Gaswechselbestimmungen in dieselbe Periode (März bis August 1900) gefallen sind, und daß sogar einer der Respirationsversuche an dem letzten Tag einer Arbeitsperiode unternommen wurde[1]). Es ist also nicht wahr, daß die Bestimmung des Gaswechsels in eine „ganz andere Zeit" fiel als die Abnahme der Laufarbeit und die gleichzeitige Abnahme des Gewichtes, und ich erwarte daher mit aller Zuversicht, daß Rosemann in einer nächsten Äußerung seinen Irrtum zugeben und die daraus abgeleiteten Folgerungen zurücknehmen wird. Es bleibt also dabei, daß das Tier unter dem Einflusse des Alkohols weniger gearbeitet, weniger Kohlensäure ausgeatmet und dennoch an Körpergewicht eingebüßt hat, was sicher nicht der Fall gewesen wäre, wenn der Alkohol Zucker in seiner nährenden Wirkung ersetzen könnte.

Ebensowenig gerechtfertigt ist aber auch die Be-

[1]) Die Reihenfolge der Versuche war folgende: 30. und 31. März und 1. April Respirationsversuch ohne Alkohol; 3., 4. und 6. April ebenso mit Alkohol. Dann wieder ein Respirationsversuch ohne Alkohol am 12. April. Drei Tage später beginnt ein Dauerversuch ohne Alkohol, welcher vom 15. April bis 7. Juni ausgedehnt wird. Dann kam der Dauerversuch mit Alkohol (vom 8. Juni bis 4. Juli); dann ein einwöchiger Versuch ohne Alkohol (5. bis 11. Juli); dann wieder eine Woche mit Alkohol (vom 12.—18. Juli) und am letzten Tag dieser Woche, nämlich am 18. Juli, wurden wieder Sauerstoff und Kohlensäure bestimmt. Dann kam wieder ein einwöchiger Versuch ohne Alkohol (19.—25. Juli), dann wieder eine Woche mit Alkohol (26.—31. Juli); und zum Schlusse noch zwei Respirationsversuche mit Alkohol (am 30. und 31. August), und an allen diesen Tagen wurden gleichzeitig die Arbeitsleistung und der Gaswechsel bestimmt.

mängelung der Gewichtsziffern, welche Rosemann gleichfalls versucht hat. Der Experimentator hebt zu wiederholten Malen hervor, daß das Tier bei den Laufversuchen ohne Alkohol an Gewicht zugenommen und bei Ersatz von Zucker durch Alkohol am Gewicht eingebüßt hat und seine Ziffern stimmen damit vollkommen überein. Rosemann findet aber, daß das Körpergewicht bei Alkohol sogar größer war als ohne ihn. Wem sollen wir da wieder glauben, dem Experimentator selbst und seinen Ziffern oder der gegenteiligen Behauptung seines Kritikers? Vielleicht interessiert es, wie sich die Gewichte an den einzelnen Tagen vor und nach der Arbeit verhalten haben. Natürlich erfolgte an jedem Tage infolge der Arbeit ein Verlust an Körpergewicht. Rechnen wir aber diese Gewichtsverluste an den 4 alkoholfreien Tagen zusammen und dann wieder die Verluste an den 7 Alkoholtagen und dividieren wir beiderseits die Summe der Verluste durch die Summe der zurückgelegten Kilometer, so resultiert an den Tagen ohne Alkohol für den Kilometer ein Verlust von 15,53, an den Alkoholtagen dagegen ein solcher von 37,17 g; d. h. also: Der Gewichtsverlust während der Laufarbeit betrug an den Alkoholtagen viel mehr als das Doppelte im Vergleich zu der ohne Alkohol geleisteten Arbeit, was wieder nicht verständlich wäre, wenn die Kalorien des Alkohols zum Betriebe der Muskelmaschine verwendet werden könnten.

Natürlich wäre es sehr interessant, zu wissen, wie die Abnahme des Gewichtes trotz der geringeren Ausgabe von Kohlensäure zustande gekommen ist. An der Tatsache selbst kann ja bei der Exaktheit der Methodik und der guten Übereinstimmung in allen Einzelversuchen nicht gezweifelt werden, und wir müssen auch darin mit Chauveau übereinstimmen, daß alle seine Versuche zu ungunsten des Alkohols ausgefallen sind. Wie immer also auch die Deutung dieser Resultate ausfallen mag, an der Hauptsache, nämlich an der ungünstigen Beeinflussung der Arbeitsfähigkeit und der Körpererhaltung, kann in keinem Falle etwas geändert werden. Trotzdem wollen wir dem Versuche einer Erklärung der Tatsachen an der Hand der metabolischen Auffassung des Stoffwechsels nicht aus dem Wege gehen.

Wir betrachten den Alkohol als ein Protoplasmagift und müssen ihm daher die Fähigkeit zuschreiben, eine Spaltung der zersetzlichen Protoplasmamoleküle herbeizuführen. Die Folge dieser Fähigkeit wird natürlich in verschiedenen Organen und Geweben des lebenden Körpers verschieden sein. Im Nervensystem des Versuchstieres hat er zweifellos lähmend gewirkt und dadurch eine größere Trägheit der Bewegungen, eine verminderte Arbeitsleistung und eine entsprechend verminderte Kohlensäureausscheidung bewirkt. Aber im Nervensystem sind die Stoffwechselvorgänge und die Verbrennungen nach allem, was wir wissen, quantitativ so unbedeutend, daß sie weder für die Ausscheidungen noch für den Körperbestand merklich in die Wagschale fallen können. Daß sich dies aber in anderen protoplasmatischen Gebilden anders verhalten muß, das geht aus dem Gewichtsverluste des Versuchstieres von Chauveau ebenso sicher hervor wie aus den überaus zahlreichen Versuchen anderer Forscher, in denen die Einnahmen und Ausgaben des Stickstoffes an Normaltagen und an Alkoholtagen gegeneinander balanciert und fast regelmäßig größere Ausscheidungen von Stickstoff unter dem Einflusse des Alkohols nachgewiesen wurden. Da es nun sicher ist, daß die Muskelarbeit an den Alkoholtagen bedeutend geringer war, so kann die vermehrte Stickstoffausscheidung unmöglich auf eine vermehrte Muskeltätigkeit zurückgeführt werden, und wir müssen daher trachten, eine andere Quelle für sie ausfindig zu machen.

Wir kennen nun ein Organ, das sicher die Stätte einer reichlichen Harnstoffbildung ist, nämlich die Leber, und in diese gelangt der Alkohol auf direktem Wege, wenn er durch die Blutgefäße aus dem Verdauungsschlauche aufgenommen wird. In der Leber wird aber nicht nur Harnstoff, sondern auch ein stickstofffreies Stoffwechselprodukt in großer Menge gebildet, nämlich das stärkeähnliche Glykogen, welches wie die Stärke durch ein diastatisches Ferment in Zucker verwandelt wird und auf diese Weise das Blut jederzeit mit Zucker versorgen kann. Es liegt also für unsere Auffassung, welche nicht nur alle Ausscheidungen, sondern auch die im Körper abgelagerten Reservestoffe aus dem Zerfall der Protoplasmamoleküle ableitet, ziemlich nahe, anzunehmen, daß das Protoplasma der Leberzellen bei dem Zerfall seiner Moleküle die stickstoffhaltigen Atomkomplexe in Form von Harnstoff und die stickstofffreien Gruppen in Form von Glykogen abspaltet. Wenn wir dann weiter annehmen, daß der Alkohol bei seiner Einwirkung auf das Leberprotoplasma den Zerfall seiner Moleküle unter Abspaltung von Harnstoff und Glykogen über das normale Maß hinaus steigert, so haben wir eine plausible Erklärung für die vermehrte Stickstoffausscheidung unter dem Einfluß des Alkohols, und die Wahrscheinlichkeit, daß wir damit das Richtige treffen, wächst noch bedeutend, wenn wir hören, daß von verschiedenen Experimentatoren (Romeyn, Rosemann) übereinstimmend gefunden wurde, daß die Vermehrung der Stickstoffausscheidung sich unmittelbar an die Einführung des Alkohols anschließt, und daß diese nach zwei Stunden schon wieder abnimmt, um nach einer neuerlichen Alkoholdosis abermals anzusteigen[1]). Daß aber

[1]) So finden wir bei Rosemann (Pflügers Archiv, 86. Bd., S. 407) folgende Ziffern: Vor der Einnahme des Alkohols (3—5 Uhr) Gesamtstickstoff 0,53, nach 50 g Alkohol (5—7 Uhr) 0,84; von 7—9 Uhr abends wieder nur 0,51. An einem andern Tage ohne Alkohol von 11—1 Uhr 0,74; nach 50 g Alkohol von 1—3 Uhr 0,90; in den nächsten zwei Stunden von 3—5 Uhr nur 0,72; nach abermals 50 g Alkohol von 5—7 Uhr 0,92 und in den nächsten zwei Stunden wieder nur 0,82.

durch eine giftige Substanz zu gleicher Zeit eine vermehrte Ausscheidung von Stickstoff und ein Anwachsen des Glykogenbestandes der Leber bewirkt werden kann, das ist durch mannigfache Beobachtungen im höchsten Grade wahrscheinlich geworden. Sicher ist es, daß die Glykogenbildung in der Leber durch Einführung von Stoffen befördert werden kann, denen man von vornherein keine nährende, sondern nur eine giftige Wirkung zuschreiben kann, z. B. durch kohlensaures Ammoniak (Röhmann), durch Benzamid, Formamid, zitronensaures und ameisensaures Ammoniak (Nebelthau) und schließlich auch durch Harnstoff (Külz), von dem wohl kaum jemand erwarten wird, daß er sich in Glykogen umwandeln wird, wo aber auch eine glykogenersparende Wirkung und ein Eintreten seiner Kalorien für die des Glykogens ausgeschlossen werden kann. In den meisten dieser Fälle hat sich aber auch herausgestellt, daß neben der Vermehrung des Leberglykogens auch die Harnstoffausscheidung gesteigert war, und zwar in einem größeren Maße, als einer bloßen Umwandlung der eingeführten Stoffe in Harnstoff entsprochen hätte. Da nun aber von Nebelthau auch eine Vermehrung des Glykogens in der Leber unter dem Einflusse von Alkohol festgestellt wurde, und da durch die oben besprochenen Versuche von Romeyn und Rosemann eine Vermehrung der Stickstoffausscheidung unter dem unmittelbaren Einflusse des Alkohols sicher bewiesen ist, so ist wohl die Annahme gerechtfertigt, daß sich die Giftwirkung des Alkohols zunächst in einer protoplasmazerstörenden Wirkung in den Leberzellen unter Abspaltung von Harnstoff und Leberglykogen geltend macht. Aber auch in den Muskeln und in allen anderen Geweben, in denen man eine Glykogenreserve nachgewiesen hat, ist ein solcher Vorgang in hohem Grade wahrscheinlich, und wir sehen daher, daß wir es gar nicht nötig haben, ganz allgemein und oberflächlich von einer Wirkung des Alkohols als „Eiweißgift“ zu sprechen, sondern daß wir in der Lage sind, diese Giftwirkung viel genauer zu charakterisieren und zu lokalisieren. Wir apostrophieren den Alkohol also nicht als Eiweißgift, weil Eiweiß sich gegen Alkohol ebenso indifferent verhält wie Zucker, und es daher ebensowenig ein Eiweißgift geben kann als ein Zuckergift, sondern wir sehen in ihm wieder nur ein Protoplasmagift, weil wir zahlreiche Anhaltspunkte dafür besitzen, daß die Moleküle des Protoplasmas durch Alkohol ebenso gespalten werden wie durch andere Gifte; und wir glauben auch zu wissen, wo diese toxische Wirkung des Alkohols auf das Protoplasma stattfindet, weil wir annehmen, daß überall, wo Glykogen und Harnstoff unter dem Einflusse des Alkohols abgespalten werden, dies auf einer protoplasmazerstörenden Wirkung des Alkohols beruht.

Eine willkommene Stütze findet diese Annahme auch noch durch eine andere vielfach gemachte Beobachtung, welche von den Beobachtern selbst als sehr merkwürdig und rätselhaft bezeichnet wird, während sie nach den eben gemachten Voraussetzungen als selbstverständlich erwartet werden müßte, nämlich eine namhafte Vermehrung der Sauerstoffaufnahme unter dem Einflusse des Alkohols, und zwar auch hier wieder in den ersten Stunden nach seiner Aufnahme. Diese Vermehrung der Sauerstoffaufnahme mußte um so auffallender erscheinen, als sie mit einer Verminderung der Kohlensäureausscheidung zusammenfiel (Singer, Harnack und Laible[1]). Dasselbe war auch in dem bereits vielfach besprochenen Versuche von Chauveau der Fall und führte zu einer bedeutenden Verkleinerung des respiratorischen Quotienten, den man erhält, wenn man die ausgeschiedene Kohlensäuremenge durch den aufgenommenen Sauerstoff dividiert. Was bedeutet nun die Steigerung der Sauerstoffaufnahme bei gleichzeitiger Vermehrung der Stickstoffausscheidung und der Glykogenablagerung unter dem Einflusse des Alkohols?

---

[1]) Archive international de pharmacodynamie, VI. und XV.

Sie bedeutet offenbar nichts anderes, als daß zur Bildung des sauerstoffreichen Glykogens Sauerstoff von außen aufgenommen werden muß, und sie bestätigt damit neuerdings unsere Annahme, daß durch den Alkohol protoplasmatische Teile zerstört werden, unter Abgabe von Harnstickstoff und unter Deponierung von Glykogen.

Wird aber Protoplasma in der Leber und in den Muskeln durch den Alkohol zerstört, dann bedeutet dies für den Körper nicht nur einen Verlust von Stickstoff, der als solcher nicht schwer in die Wagschale fallen würde, sondern es bedeutet die Zerstörung eines Gebildes, von dem wir als sicher annehmen, daß es in hohem Maße gequollen und mit Wasser durchtränkt ist. Alle protoplasmareichen Gebilde wie Muskeln, Leber, Gehirn und Rückenmark sind auch stark wasserhaltig (75—79 Proz.), während z. B. das Fettgewebe, das aus wenig Protoplasma und sehr viel Fett besteht, einen bedeutend geringeren Wassergehalt (29,9 Proz.) aufweist. Während also die Abnahme der Fettreserve keine wesentlich größere Gewichtsabnahme bedeutet, als eben dem verringerten Fettgehalte des Gewebes entspricht, bedeutet die Zerstörung von Protoplasma nicht nur den Verlust des aus dem Körper ausgeschiedenen Harnstoffes, sondern auch den Verlust des viel größeren Gewichtes an Wasser, welches in dem zerstörten Protoplasmanetze imbibiert war und im Körper nicht zurückgehalten werden kann, wenn die zersörten Protoplasmateile nicht sofort auf Kosten von Nahrungsstoffen wiederhergestellt werden können. Diese Wiederherstellung ist aber bei der verkürzten Nahrungsration und beim Ersatz der entzogenen Nahrung durch einen giftigen und zum Protoplasmaaufbau ungeeigneten Stoff — wie den Alkohol — jedenfalls nur eine mangelhafte, und wir dürfen uns daher nicht wundern, wenn sich bei dem Versuche von Chauveau aus den Tag für Tag resultierenden kleinen Verlusten bei längerer Versuchsdauer ein nicht ganz unerheblicher Verlust zusammensummiert hat.

Natürlich haben auch die Verteidiger der nährenden Wirkung des Alkohols von der zahllose Male konstatierten Tatsache der Steigerung der Stickstoffausscheidung infolge der Alkoholeinnahme nicht ganz absehen können, und namentlich Rosemann, jetzt einer der wärmsten Verteidiger der Nährkraft des Alkohols, hat noch vor wenigen Jahren aus dieser gesteigerten Stickstoffausscheidung den Schluß abgeleitet, daß der Alkohol, wenigstens in bezug auf die Eiweißsparung, nicht die Rolle des Zuckers übernehmen könne. Worauf beruht aber die Annahme, daß Zucker eine eiweißsparende Fähigkeit besitze? Sie beruht auf der Beobachtung, daß man durch reichliche Gewährung von Zucker die Ausscheidung des Stickstoffes einschränken kann. Da wir aber gesehen haben, daß die übliche Vorstellung einer direkten Verbrennung von Zucker und Eiweiß nicht mehr haltbar ist, so brauchen wir uns nicht mehr den Kopf darüber zu zerbrechen, wie der brennende Zucker das nach der Ansicht der Kalorientheorie ebenfalls brennbare Eiweiß vor der Verbrennung schützen solle. Die Sache verhält sich vielmehr wahrscheinlich so, daß bei reichlicher Darreichung von Nahrungszucker das Leberglykogen entweder nicht oder nur in geringem Maße herangezogen wird und dadurch auch weniger Veranlassung zu neuer Glykogenbildung und zu der mit ihr verknüpften Abspaltung von Harnstoff gegeben ist. Gibt man aber statt Zucker Alkohol, dann wirken zwei Momente zur Vermehrung der Stickstoffausscheidung zusammen, nämlich erstens die früher besprochene Giftwirkung des Alkohols, welche einen Zerfall von Leberprotoplasma unter Abspaltung von Glykogen und Harnstoff bewirkt, und außerdem das Manko an Zucker in der Nahrung, welches einen rascheren Verbrauch des Leberglykogens und daher auch eine frühzeitig notwendige Ergänzung des Glykogenbestandes unter abermaliger Abspaltung stickstoffhaltiger

Zerfallsprodukte bedingt. Dieses zweite Moment ist natürlich besonders wirksam in den Arbeitsversuchen[1]), und darum fällt bei diesen die Steigerung der Stickstoffausscheidung viel stärker aus als in der Ruhe, wo nicht nur schon unter normalen Verhältnissen der Bedarf an Zucker für die Rekonstruktion des zerstörten Muskelprotoplasmas und daher auch die Inanspruchnahme des Leberglykogens geringer ist als bei der Arbeit, sondern außerdem, wie wir später sehen werden, durch die narkotische Wirkung des Alkohols und die dadurch gesetzte Verminderung der Muskeltätigkeit der Bedarf nach Glykogen noch bedeutend herabgesetzt wird.

Aber diese fast regelmäßig in den ersten Alkoholtagen zu beobachtende Steigerung der Stickstoffausscheidung und die daraus resultierende Verschlechterung der Stickstoffbilanz wird, wie sich bei länger dauernden Alkoholversuchen herausgestellt hat, immer geringer und hört endlich ganz auf, um einer mäßigen Zunahme des Körperstickstoffes Platz zu machen; und diese in den letzten Jahren neugewonnene Erkenntnis hat nunmehr dazu geführt, daß auch Rosemann, der noch im Jahre 1899 auf Grund seiner eigenen und einer kritischen Prüfung aller fremden Versuche dem Alkohol mit aller Entschiedenheit jeden Nährwert abgesprochen hat[2]), zwei Jahre später mit eben solcher Entschiedenheit behauptete, daß der Alkohol bei seiner Verbrennung genau so wie ein Nahrungsstoff wirke, etwa wie Kohlehydrate und Fette[3]). Diese jedenfalls etwas schroffe Meinungsänderung hat er aber in folgender Weise begründet: Der Alkohol soll durch seine Verbrennungswärme ebenso eiweißsparend wirken wie Fett; aber diese sparende Wirkung sei anfangs durch die „eiweißschädigende" aufgehoben oder verdeckt. Indem sich aber die Körper-

---

[1]) Vgl. z. B. Atwater u. Benedict (National academy of sciences, Washington 1902), S. 248 und 249.

[2]) Pflügers Archiv, 77. Band.

[3]) Daselbst 89. Band.

zellen binnen wenigen Tagen an den schädigenden Einfluß des Alkohols gewöhnen, kann nunmehr die eiweißsparende Wirkung des Alkohols zu voller Geltung gelangen.

Natürlich ist diese Deutung für uns schon von vornherein nicht annehmbar, weil wir eine nährende Wirkung des Alkohols nach allem, was wir bisher gehört haben, für ausgeschlossen halten müssen. Aber auch abgesehen davon, steht die Annahme, daß sich die Körperzellen schon nach vier Tagen — denn selbst nach so kurzer Zeit kann die Stickstoffbilanz eine positive werden — an die schädigende Wirkung des Alkohols gewöhnen, mit so zahlreichen Tatsachen der Pathologie und pathologischen Anatomie in Widerspruch, daß man nur schwer begreifen kann, daß dieser Deutungsversuch nicht einer allgemeinen Zurückweisung begegnete. Wie kämen denn die schweren Organveränderungen bei den Alkoholikern zustande, wenn sich die Körperzellen schon nach wenigen Tagen an die schädigende Wirkung des Giftes gewöhnen würden? Wozu gibt es denn Trinkerasyle und Abstinenzsanatorien, warum versammeln wir uns in Kongressen und Alkoholkursen, wenn es nur einer Gewöhnung von wenigen Tagen bedürfte, um die Organe und die sie zusammensetzenden Zellen gegen die Wirkungen des Alkohols immun zu machen? Aber diese Umdeutung rechnet nicht nur mit ganz unmöglichen Voraussetzungen, sondern sie ist auch ganz und gar überflüssig, weil wir die Tatsache der allmählichen Besserung der Stickstoffbilanz von unserem Standpunkte sehr gut verstehen können.

Wir haben angenommen, daß sich die vermehrte Stickstoffausscheidung, welche in der großen Mehrzahl aller Alkoholversuche in den ersten Tagen beobachtet wurde, aus zwei Momenten ableitet: aus der protoplasmazerstörenden Wirkung des Alkohols in der Leber und in allen glykogenbildenden Geweben und aus dem Ausfall des Teiles der Nahrung, den man durch Alkohol zu ersetzen versucht; denn nicht nur bei vollständiger Nahrungsentziehung, sondern auch bei ungenügender Nahrung ist die Stickstoffausscheidung vermehrt. Beide Momente müssen aber bei längerer Dauer des Alkoholversuches an Wirkung verlieren. Wird das Leberprotoplasma durch die fortwährend wiederholte Zufuhr von Alkohol immer wieder zersetzt und die Leber mit Glykogen vollgepfropft, dann werden die späteren Alkoholgaben immer weniger zersetzliches Protoplasma vorfinden, und bei der daraus resultierenden geringeren Zersetzung werden auch weniger stickstoffhaltige Produkte nach außen abgegeben werden. Außerdem wird aber die Muskelarbeit, wie wir später noch hören werden, durch die narkotische Wirkung des Alkohols ziemlich bedeutend reduziert, es wird also der Glykogenvorrat weniger in Anspruch genommen, als wenn die Muskeln in der gewöhnlichen Weise tätig wären, es besteht also, solange die schwache Alkoholnarkose und die dadurch bedingte Trägheit der Muskelarbeit andauert, auch weniger Gelegenheit, den durch die Muskelarbeit verringerten Glykogenbestand durch neuerlichen Protoplasmazerfall zu vermehren, und dieser Umstand wird also ebenfalls dazu beitragen, daß die Stickstoffausscheidung in den späteren Alkoholtagen herabgehen wird. Endlich ist es nach den Beobachtungen von Straßmann, der schon nach einigen Wochen bei Hunden durch fortgesetzte Gaben von Alkohol eine beträchtliche Gewichtszunahme der Leber, der Milz und der Bauchspeicheldrüse im Vergleiche mit Kontrolltieren desselben Wurfes beobachtet hat, und nach analogen Beobachtungen an chronisch alkoholisierten Menschen nicht ganz ausgeschlossen, daß selbst unbedeutende Anfänge von derartigen krankhaften Veränderungen in allen möglichen Organen sich doch so weit summieren, daß sie bei solchen Versuchen bei denen, es sich um „Minima des Nitrogenstoffwechsels“ handelt, auch noch ein wenig dazu beitragen, etwas Stickstoff im Körper zurückzuhalten und die Stickstoffbilanz scheinbar im Sinne einer Eiweißsparung zu beeinflussen. Jedenfalls unterliegt es keiner Schwierigkeit, die Tatsachen der Stickstoffausscheidung unter Alkohol zu verstehen, ohne sich in Widerspruch mit jenen zahlreichen Tatsachen zu setzen, durch welche die nährende Wirkung dieses narkotischen Giftes bereits hinreichend widerlegt ist.

Unter der, wie ich glaube, gut fundierten Voraussetzung, daß unter dem Einflusse des Alkohols Glykogen in der Leber und in anderen Organen abgespalten wird, sind auch die Veränderungen des Verhaltens zwischen ausgeatmeter Kohlensäure und eingeatmetem Sauerstoff gut verständlich, welche Durig in seinen wichtigen Untersuchungen über die Einwirkung des Alkohols auf die Steigarbeit im Hochgebirge gewonnen hat[1]). Er hatte nämlich gefunden, daß der respiratorische Quotient, welcher durch die Division der ausgeschiedenen Kohlensäure durch den eingeatmeten Sauerstoff gewonnen wird, bei der Besteigung eines Gipfels, angefangen von der ersten halbstündigen Wegstrecke bis zur vierten, immer kleiner wurde, und er hat dies, wie ich glaube, ganz zutreffend als ein Zeichen des fortschreitenden Verbrauches von Kohlehydraten und einer zunehmenden Inanspruchnahme von Fett für die Muskelarbeit angesehen. Natürlich denke ich dabei wieder nicht an eine direkte Verbrennung von Glykogen oder Fett, welche allerdings auch außerhalb des Körpers weniger Sauerstoff für das sauerstoffreiche Kohlehydrat und mehr Sauerstoff für das sauerstoffarme Fett in Anspruch nehmen würde; sondern ich denke an die assimilatorische Verwendung beider Substanzen für den Aufbau von Protoplasmamolekülen, bei welchem das sauerstoffreiche Glykogen bedeutend mehr Sauerstoff abgeben und für die vitalen Oxydationen zur Verfügung stellen kann als das sauerstoffarme Fett. Infolgedessen braucht bei reichlicher Verwendung von Glykogen weniger Sauerstoff von außen auf-

[1]) Pflügers Archiv. 113. Band.

genommen zu werden, und der Quotient wird durch Verkleinerung des Divisors größer, während er bei der Assimilation von Fett durch Vergrößerung des Divisors — des von außen aufgenommenen Sauerstoffes — kleiner werden muß. Durig hat nun an vier anderen Versuchstagen dieselbe Strecke zurückgelegt, nachdem er kurz zuvor eine mäßige Menge Alkohol zu sich genommen hatte, und nun stellte sich heraus, daß, wenigstens in einem Teil der Alkoholversuche, das gerade entgegengesetzte Verhalten bestanden hat, nämlich ein kleinerer respiratorischer Quotient in dem ersten Teile des Weges und eine Zunahme in den späteren. Was kann nun den kleineren Quotienten der früheren Strecken an den Alkoholtagen verursachen? Hier wirken meiner Ansicht nach zwei Momente in derselben Richtung, nämlich erstens die Verbrennung des Alkohols, welche selbst viel Sauerstoff in Anspruch nimmt, und die Bildung von Glykogen unter dem toxischen Einfluß des Alkohols, welche ebenfalls einen Sauerstoffbezug von außen erfordert. Daneben geht natürlich immer auch eine Verwendung von Glykogen für die Muskelarbeit einher, welche im entgegengesetzten Sinne wirkt. Während aber in den Normalversuchen dieses Moment allein oder wenigstens vorwiegend wirksam ist und dadurch den Quotienten in den ersten Strecken in die Höhe treibt, kommen in den Alkoholversuchen, wenigstens für den Anfang, die beiden Momente dazu, welche den Quotienten herabdrücken, nämlich die Verbrennung des Alkohols und die Bildung von Glykogen. In dem Maße aber, als der Alkohol verbrannt ist, und daher auch die durch seine Giftwirkung beförderte Glykogenbildung geringer wird, sinkt auch entsprechend der Bedarf nach dem für beide Zwecke notwendigen Sauerstoff, der Quotient wird also größer, und er ist in den letzten Strecken nicht nur größer als in den früheren Strecken desselben Versuches, sondern auch größer als in den letzten Strecken des Normalversuches, weil infolge der glykogenabspaltenden Wirkung, die der Alkohol während seiner Verbrennung ausgeübt hat, der Glykogenvorrat länger ausreicht als in den Normalversuchen und daher die sonst notwendige Heranziehung der sauerstoffarmen Fettreserve in den letzten Strecken ganz oder zum Teile überflüssig macht. Es gehen also in den Alkoholversuchen Momente von gegensätzlicher Wirkung in bezug auf den respiratorischen Quotienten nebeneinander her, nämlich auf der einen Seite die Alkoholverbrennung und die Glykogenbildung, welche den Quotienten verkleinern, und dann wieder die assimilatorische Verwendung des Glykogens, welche ihn in die Höhe treibt; und darin dürfte auch die Erklärung für die unregelmäßigen Resultate in den Alkoholversuchen gegenüber der großen Regelmäßigkeit in den Normalversuchen zu finden sein.

Auch die bereits seit langer Zeit bekannten Tatsachen über den Gaswechsel unter dem Einflusse des Alkohols sind ganz gut verständlich, ohne daß man dem Alkohol jene nährende und fettsparende Wirkung zuzuschreiben braucht, die wir ihm aus theoretischen und empirischen Gründen absprechen mußten. Man hat besonders die Tatsache, daß bei Zusatz von Alkohol zu einer genügenden Nahrung keine entsprechende Mehrausscheidung von Kohlensäure und bei Ersatz von Zucker oder Fett durch Alkohol ebenfalls keine sehr bedeutende Veränderung der Menge des Verbrennungsproduktes bemerkbar ist, als einen unumstößlichen Beweis dafür angesehen, daß die Alkoholkalorien für diejenigen von Zucker oder Fett eintreten können und daß der Alkohol die Fähigkeit besitzt, durch seine Verbrennung Körperfett, das sonst der Verbrennung anheimfallen würde, zu „ersparen“. Diese Art der Erklärung der beobachteten Tatsachen ist aber wieder nur möglich, wenn man es für ausgemacht hält, daß Nahrungszucker und Glykogen, Nahrungsfett und Körperfett und im Notfalle auch Nahrungseiweiß und Körpereiweiß zur Heizung der Muskelmaschine oder zur Erwärmung des

Körpers direkt verbrannt werden, sie ist aber unbrauchbar, sobald man zu der Überzeugung gelangt ist, daß die nährenden Substanzen nicht als Brennstoffe, sondern zunächst immer nur als Baumaterial für die durch die Lebensreize und die Lebensarbeit zerstörten Protoplasmateile verwendet werden und daß daher ein narkotisches Gift, welches nur durch Zerstörung von Protoplasma wirken kann, nie und nimmer die Rolle eines Baustoffes desselben Protoplasmas übernehmen kann. Aber auch die uns jetzt beschäftigende Tatsache, daß die Verbrennungsprodukte des Alkohols sich nicht einfach zu der gewöhnlichen Summe der Produkte der vitalen Oxydationen hinzuaddieren, sondern daß die Gesamtsumme an den Alkoholtagen sich von jener der alkoholfreien Tage nicht sehr bedeutend, und zwar entweder nach oben oder nach unten, entfernt, fügt sich ohne jede Schwierigkeit in unsere Auffassung, welche dem Alkohol keine nährende, sondern nur eine narkotische Wirkung zuerkennen kann. Diese narkotische Wirkung muß, wenn man von dem rasch vorübergehenden und manchmal ganz fehlenden Erregungsstadium absieht, unbedingt eine Verminderung der Muskeltätigkeit und eine entsprechende Verminderung der Kohlensäureausscheidung herbeiführen, und diese kann sogar, wie uns Chauveau gezeigt hat, so weit gehen, daß die Summe der Kohlensäure, die sich aus dem Produkte der arbeitenden Muskeln und des verbrennenden Alkohols zusammensetzt, noch immer bedeutend kleiner ist als die Ausscheidung an den normalen Tagen ohne Hinzutreten der Verbrennungsprodukte des Alkohols. Dieselbe Wirkung, nämlich eine Herabsetzung der Muskelarbeit und der Muskelspannungen mit einer genau entsprechenden Verminderung der Kohlensäureausscheidung, kann man durch jedes Narkotikum auch im sogenannten Ruhezustande herbeiführen, der aber niemals eine wirkliche Ruhe bedeutet, sondern nur einen Ausfall erzwungener oder freiwillig geleisteter Mehrarbeit, welche aber, wie vielfach nachgewiesen wurde, mit ihrer

Produktion von Kohlensäure und Wärme recht weit hinter den Leistungen der nicht auf Kommando arbeitenden Muskeln zurückbleibt. Diese „Ruhearbeit“ — wenn der Ausdruck gestattet ist — wird schon im natürlichen Schlafe (nach den Bestimmungen von Pettenkofer und Voit) bis zu einem Ausfalle von 22 Proz. der Stoffzersetzungen herabgemindert, und dieser Ausfall kann in der Narkose, z. B. durch Einspritzung von 0,16 g Chloralhydrat bei einem Meerschweinchen, bis auf 40 Prozent gesteigert werden (Rumpf). Hier wird niemand daran denken, daß diese kleine Menge Chloralhydrat so und so viel Körperfett durch ihre Kalorien geschützt habe, sondern sie hat dies sicher nur durch ihre narkotische Wirkung getan; und wenn wieder andere Forscher (Boeck und Bauer) durch Morphin die Kohlensäureproduktion des Hundes um ca. 27 Proz. herabgesetzt haben, und zwar, wie sie ausdrücklich sagen, ohne daß das Tier sichtlich betäubt gewesen wäre, so ist es vollkommen klar, daß auch hier die „Fettsparung“ nur durch die Narkose bewirkt worden ist. Und gerade bei Alkohol soll es sich ganz anders verhalten? Gerade hier soll es gestattet sein, von der narkotischen Wirkung ganz zu abstrahieren und das, was man bei anderen Betäubungsmitteln ohne nennenswerte Kalorien erzielen kann, jetzt auf einmal der „nährenden“ Wirkung des Narkotikums zuzuschreiben? Freilich hat Rosemann auch hier wieder eine Rettung für die Nährkraft des Alkohols versucht, indem er entgegen den ausdrücklichen Angaben der Experimentatoren über ihre eigenen Empfindungen und über die Aussagen oder das Verhalten ihrer Versuchsobjekte behauptete, daß bei diesen niemals auch nur das leiseste Anzeichen einer Narkose vorhanden war und daß alle Leistungen bei ihnen in ungefähr derselben Weise stattgefunden haben wie beim normalen Menschen. Dabei hat er aber nicht bedacht, daß er in einem anderen Falle, wenn es ihm gerade gepaßt hat, um jeden Preis eine schwere Berauschung des Versuchstieres durchzusetzen bemüht war, daß er an einer anderen Stelle derselben Arbeit gesagt hat, man müsse bedenken, „in wie hohem Maße durch die Alkoholzufuhr die Muskelbewegungen und die Wärmeabgabe der Versuchspersonen beeinflußt werden können“[1]), und daß er es ein andermal als feststehend bezeichnet hat, „daß der Alkohol außerordentlich ungünstig auf die Muskelarbeit einwirkt“[2]). Und dennoch soll derselbe Stoff, welcher so außerordentlich ungünstig auf die Muskelarbeit einwirkt, imstande sein, „mit seinem vollen Brennwerte“ den Zucker zu ersetzen, von dem zahlreiche Experimente bewiesen haben, daß er außerordentlich günstig auf die Muskelarbeit einwirkt. In solche Widersprüche muß man verfallen, wenn man um jeden Preis und entgegen der klaren Sprache der Tatsachen die nährende Wirkung eines narkotischen Giftes verteidigen will.

Unsere Auffassung ist also die, daß der in den Körper eingeführte Alkohol nutzlos verbrennt und außerdem durch seine narkotische Wirkung ein Minus von Muskelarbeit und einen entsprechenden Ausfall der Kohlensäureproduktion herbeiführt. Dieser Ausfall kann, je nach dem Grade der einschläfernden oder ermattenden Wirkung, größer oder kleiner sein als die Menge von Kohlensäure, die aus der nutzlosen Verbrennung des Alkohols herrührt, und damit erklären sich auch die großen Schwankungen der Kohlensäurewerte in den Alkoholversuchen, welche nicht gut verständlich wären, wenn die Kalorien des Alkohols, wie vielfach behauptet worden ist, bei gleicher Leistung wie in den alkoholfreien Tagen, einfach für die Kalorien von Zucker oder Fett eintreten könnten. Rosemann selbst hat ausgerechnet, wie groß in drei Versuchen bei den verschiedenen Versuchspersonen die Erniedrigung der Kohlensäureproduktion unter Alkohol aus-

---

[1]) Pflügers Archiv, 86. Band, S. 351 und 461.

[2]) Daselbst, 94. Band, S. 569.

gefallen ist, wenn man die auf die Verbrennung des Alkohols entfallende Kohlensäure in Abzug bringt, und hat bei Atwater und Benedict eine Herabsetzung um 19,8 Proz., bei Clopatt um 16,2 Proz., dagegen bei Bjerre einen Ausfall von nicht weniger als 33,1 Proz. herausbekommen; und wenn man nun nachsieht, wieviel von dem Narkotikum in diesen drei Fällen verbraucht wurde, so findet man bei den beiden geringeren Ausfällen ein Quantum von 72,5 und von 87,0 Gramm, während Bjerre, dessen Kohlensäureproduktion fast um ein Drittel herabgesetzt wurde, nicht weniger als 167,6 Gramm Alkohol zu sich genommen hat — ein deutlicher Hinweis darauf, daß man die Herabminderung der vom Körper selbst und nicht vom Alkohol herrührenden Kohlensäure auf das Konto der narkotischen Wirkung des verabreichten Giftes zu setzen hat.

Es bliebe also nur noch als letztes Refugium der Ersparungstheorie die Verwendung der Verbrennungswärme des Alkohols zur Erwärmung des Körpers, für welche sonst Zucker oder Fett oder Eiweiß der Nahrung oder der Reserven verbrennen müssen. Der Alkohol wäre dann allerdings keine Quelle der Muskelkraft, aber er wäre doch eine Quelle der Wärme für den Körper, und vielleicht könnte dann ein Teil der Nahrungsstoffe, der sonst zur Erwärmung des Körpers verbrannt worden wäre, für diese Funktion erspart und zum Betriebe der Muskelmaschine verwendet werden. So würde vielleicht der Alkohol auf indirektem Wege dennoch dem Körper nützlich sein und neben seiner giftigen Wirkung auch eine nährende Tätigkeit entfalten.

Aber auch das könnte man nur in dem Falle konzedieren, wenn es Körperteile gäbe, in denen Verbrennungen nur zum Behufe der Erwärmung des Körpers stattfänden. Von solchen besonderen Heizapparaten neben den Muskeln und neben den anderen protoplasmatischen Organen, von denen jedes seine spezielle Funktion zu verrichten hat, ist uns aber absolut nichts bekannt, sondern wir wissen nur, daß in allen lebenden Gebilden, genau entsprechend dem Maße ihrer Lebenstätigkeit, auch Verbrennungen ablaufen; und besonders die in einem gewissen Maße fortwährend tätigen Muskeln bilden eine so große Wärmequelle, daß sie nicht nur vollkommen ausreicht, um den ganzen Körper auf seiner normalen Temperatur zu erhalten, sondern auch noch fortwährend einen sehr bedeutenden Überschuß nach außen abgeben muß. Eine Verbrennung des Alkohols könnte also höchstens diesen Überschuß noch vergrößern und den Organen der physikalischen Wärmeregulierung, welche diesen Überschuß prompt zu beseitigen haben, ihre Aufgabe noch erschweren. Nur wenn bei niedriger Außentemperatur eine Gefahr der Abkühlung besteht, müssen die wärmeerzeugenden Organe ein Plus von Wärme herbeischaffen, und wir wissen, daß in einem solchen Falle unsere Muskeln durch vermehrte Spannung und durch Zitterbewegungen diesen Mehrbedarf decken. Wollte man aber jetzt diesem gesteigerten Bedarf durch Verbrennung von Alkohol zu Hilfe kommen, dann würde man wieder nur das Gegenteil von dem erreichen, was man bezweckt. Denn der Alkohol steigert selbst in kleinen Gaben ganz konstant die Abgabe von Wärme durch die Erweiterung der Hautgefäße, und außerdem lähmt er das Wärmeregulierungszentrum im Gehirn, welches die genaue Anpassung der Muskeltätigkeit und des Gefäßsystems an die äußeren Temperaturen vermittelt, und mancher hat schon den Versuch, sich bei großer Kälte durch Alkohol zu erwärmen, mit seinem Leben bezahlt.

Werfen wir nun einen Rückblick auf das, was für und gegen den Nährwert des Alkohols in Frage kommen kann, so haben wir vor allem einige Tatsachen kennen gelernt, welche meiner Ansicht nach entscheidende Beweise dafür erbracht haben, daß der Alkohol nicht nur nicht als Energiequelle für die Muskelarbeit dienen kann, sondern daß er im Gegenteil durch seine giftige und betäubende Wirkung schädigend einwirkt, und zwar sowohl auf den einzelnen Muskel als auch auf den Organismus als Ganzes. Ich erinnere nur an das Experiment mit dem überlebenden Kaninchenherzen, an die Erscheinungen am curarisierten Frosche und endlich an den Hund des französischen Experimentators, der bei Ersatz eines Teils seiner Nahrung durch Alkohol gleichzeitig an Arbeitsfähigkeit und an seinem Körperbestande eingebüßt hat. Aber auch die Veränderungen in der Ausscheidung von Stickstoff und Kohlensäure und in der Aufnahme von Sauerstoff stehen in gutem Einklang mit den Ergebnissen dieses entscheidenden Experiments, so daß wir also zu dem Resultat gelangen, daß der Alkohol als Protoplasmagift und als spezifisches Nervengift keine nährende, sondern nur schädigende Wirkungen im tierischen und im menschlichen Organismus entfaltet. Dieses Resultat ist aber nicht nur von großer theoretischer, sondern auch von eminenter praktischer Bedeutung. Denn je länger ich mich selbst werktätig der Bekämpfung des Alkoholismus widme, desto mehr komme ich zu der Überzeugung, daß die Entscheidung über den schließlichen Erfolg unserer Bestrebungen bei den Lehrern und bei den Ärzten gelegen ist. Es muß dahin kommen, daß jedes Kind in der Schule lernen wird, daß der Alkohol ein Gift ist, vor dem man sich zu hüten hat; den zukünftigen Ärzten muß an allen medizinischen Schulen bei jeder Gelegenheit unter Vorführung des wissenschaftlichen Beweismaterials gelehrt werden, daß der Alkohol wie die anderen verwandten Narkotika aus der Fettreihe, wie Äther, Chloroform, Chloralhydrat, Paraldehyd und Konsorten, nach einem kurzen Erregungsstadium betäubend und bei wiederholter Anwendung auf alle lebenden Teile des Organismus schädigend wirkt, und daß er mit allen anderen narkotischen Mitteln die Eigenschaft gemein hat, bei wiederholtem Gebrauch ein Verlangen nach Erneuerung und Vergrößerung des Dosis herbeizuführen und dadurch seine schädigenden

Wirkungen bis zu einem bedenklichen Grade zu steigern. Erst dann, wenn die in dieser Weise Belehrten daraus die einzig richtige Konsequenz ziehen werden, daß der Arzt diesen gefährlichen Stoff niemals empfehlen soll, sondern immer nur vor ihm warnen muß, wird unser Kampf gegen diesen furchtbaren Feind des Menschengeschlechtes von einem vollen Siege gekrönt sein.

Dieselbe Frage wurde von dem Autor in folgenden Schriften behandelt:

1. Allgemeine Biologie. Erster Band. Aufbau und Zerfall des Protoplasmas. (Wien 1899.)
2. Ist Alkohol ein Nahrungsstoff oder ein Gift? (Die Zeit, 7. April 1900, Nr. 288.)
3. Wirkt Alkohol nährend oder toxisch? (Deutsche medizinische Wochenschrift 1900, Nr. 32—34.)
4. Gebt den Kindern keinen Alkohol. (Flugblatt.)
5. Nahrung und Gift. Ein Beitrag zur Alkoholfrage. (Pflügers Archiv für die gesamte Physiologie, 90. Band, 1902.)
6. Alkoholismus im Kindesalter. (Jahrbuch für Kinderheilkunde, 54. Band, 1902. Auch als Broschüre bei S. Karger.)
7. Der Nährwert des Alkohols. (Fortschritte der Medizin, Band 21, Nr. 4, 1903.)
8. Der Nährwert des Alkohols. Zweiter Artikel. (Daselbst Nr. 21.)
9. Allgemeine Biologie. Dritter Band. (Kraft- und Stoffwechsel des Tierorganismus.
10. Der Arzt und der Alkohol. (Wien 1904, bei M. Perles.)
11. Kann ein Gift die Stelle einer Nahrung vertreten? (Internationaler Kongreß gegen den Alkoholismus, Budapest 1905.)
12. Welt, Leben, Seele. Ein System der Naturphilosophie, in gemeinfaßlicher Darstellung. (Wien 1908, bei M. Perles.)